PROBLÈMES

D'ARITHMÉTIQUE

A L'USAGE DES ÉCOLES PRIMAIRES

PAR

S. MAIRE

Instituteur

Rédacteur au *Manuel général de l'Instruction primaire*

SOLUTIONS

PARIS

LIBRAIRIE HACHETTE ET Cⁱᵉ

79, BOULEVARD SAINT-GERMAIN, 79

—

1879

PROBLÈMES
D'ARITHMÉTIQUE

22 514. — PARIS, TYPOGRAPHIE A. LAHURE

Rue de Fleurus, 9

PROBLÈMES
D'ARITHMÉTIQUE

A L'USAGE DES ÉCOLES PRIMAIRES

PAR

S. MAIRE

Instituteur

Rédacteur au *Manuel général de l'Instruction primaire*

SOLUTIONS

PARIS

LIBRAIRIE HACHETTE ET Cie

79, BOULEVARD SAINT-GERMAIN, 79

1879

PROBLÈMES D'ARITHMÉTIQUE

SOLUTIONS

(COURS MOYEN DE L'ENSEIGNEMENT PRIMAIRE)

OCTOBRE.

EXERCICES.

1. 86×10 $= 860.$
2. $4370 : 10$ $= 437.$
3. 520×10 $= 5200.$
4. $7400 : 10$ $= 740.$
5. 2745×100 $= 274500.$
6. $39000 : 100$ $= 390.$
7. $74000 : 1000$ $= 74.$
8. $0,5 \times 10$ $= 5.$
9. $75,3 \times 10$ $= 753.$
10. $6839 : 10$ $= 683,9.$
11. $58762 : 100$ $= 587,62.$
12. $783,57 \times 100$ $= 78357.$
13. $61930 : 100$ $= 619,3.$
14. $73840 : 1000$ $= 73,84.$
15. $53,8 \times 100$ $= 5380.$
16. $45,39 \times 1000$ $= 45390.$
17. $0,9064 \times 1000$ $= 906,4.$

18. $75 : 100$ $\qquad\qquad = 0,75.$
19. $82 : 1000$ $\qquad\qquad = 0,082.$
20. $6487 : 100\,000$ $\qquad = 0,06487.$
21. $0,48 \times 1000$ $\qquad = 480.$
22. $0,079 \times 10\,000$ $\qquad = 790.$
23. $0,057 : 100$ $\qquad\quad = 0,00057.$
24. $9,008 : 10$ $\qquad\quad\; = 0,9008.$
25. $0,096 : 100$ $\qquad\quad = 0,00096.$

PROBLÈMES.

26. 10^{kg} valent $(14^{fr} \times 10) = 140^{fr}$;
$\quad 100^{kg}$ valent $(14^{fr} \times 100)$ ou $(140^{fr} \times 10) = 1400^{fr}$.

27. 1^{kg} coûte $(700^{f} : 100) = 7^{f}$;
$\quad 10^{kg}$ coûtent $(7^{f} \times 10)$ ou $(700^{f} : 10) = 70^{f}$.

28. 10^{m} coûtent $(0^{f},6 \times 10) = 6^{f}$;
$\quad 100^{m}$ coûtent $(0^{f},6 \times 100)$ ou $(6 \times 10) = 60^{f}$.

29. 100^{m} (ou 10 fois 10^{m}) valent $67^{fr},5 \times 10 = 675^{fr}$;
$\quad\quad 1^{m}$ vaut $(67^{fr},5 : 10) = 6^{fr},75$.

30. Il gagne par mois $(1400^{fr} : 10) = 140^{fr}$.

31. 100^{hl} valent $(26^{fr},50 \times 100) = 2650^{fr}$;
$\quad 10^{hl}$ valent $(26^{fr},50 \times 10)$ ou $(2650^{fr} : 10) = 265^{fr}$.

32. 1000 pièces pèsent $(6,4516 \times 1000) = 6451^{gr},6$.
$\quad\quad$ Valeur $= (20^{fr} \times 1000) = 20\,000^{fr}$.

33. Une pièce pèse $(3225,8 : 100) = 32^{gr},258$.

34. Épaisseur d'une feuille $(78,4 : 1000) = 0^{millim},0784$;
Épaisseur de 100^{f} $(78,4 : 10)$ ou $(0,0784 \times 100) = 7^{mm},84$;
Épaisseur de 10^{f} $(7^{mm},84 : 10) = 0^{mm},784$.

35. 10 litres pèsent $(1,293 \times 10) = 12^{gr},93$;
$\quad\quad$ 1000 litres pèsent $(1,293 \times 1000) = 1293^{gr}$;
100 litres pèsent $(1,293 \times 100)$ ou $(1293 : 10) = 129^{gr}3.,$

ADDITIONS.

36. 1024,9.   **46.** 1676,39.
37. 917,62.   **47.** 31,2074.
38. 176,968.   **48.** 1287,715.
39. 21,2568.   **49.** 660,4494.
40. 220,46.   **50.** 1173,4915.
41. 23,103.   **51.** 371,8589.
42. 20,0292.   **52.** 754,0570.
43. 13,8933.   **53.** 1441,8174.
44. 91,12.   **54.** 5345,657.
45. 149,144.   **55.** 4605,5336.

Problèmes sur l'addition.

56. $1^m,4 + 2^m,1 + 1^m,6 = 5^m,1.$

57. $585^{fr} + 620^{fr} + 855^{fr} = 2060^{fr}.$

58. $5^{fr},25 + 2^{fr},15 + 1^{fr},25 = 8^{fr},65.$

59. $68^{fr},45 + 81^{fr},65 + 59^{fr},85 = 209^{fr},95.$

60. $17^m,4 + 24^m,5 + 28^m,7 = 70^m,6.$

61. $539,74 + 86,65 = 626,39.$

62. $3^{fr},45 + 2^{fr},20 + 0^{fr},35 + 0^{fr},80 + 1^{fr},40$
$\qquad + 1^{fr},85 = 10^{fr},05.$

63. $0,14 + 0,2 + 0,163 = 0,503$ du travail.

64. $182^m,4 + 159^m,5 = 341^m,9.$

65. $47^m,5 + 51^m,4 + 45^m,8 + 35^m = 179^m,7.$

66. $19^{fr} + (19^{fr} + 8^{fr},75) = 46^{fr},75.$

67. $9^{fr} + (9^{fr} + 14^{fr},50) + 5^{fr} = 37^{fr},50.$

68. $7^{fr},45 + 17^{fr} + (7^{fr},45 + 4^{fr},55) = 36^{fr},45.$

69. $105,4 + (105,4 + 3,9) + (105,4 + 3,9 + 1,7)$
$\qquad = 325^{kg},7.$

70. $108^l,7 + (108^l,7 + 9^l,5) + (108^l,7 + 9^l,5 + 4^l,6)$
$\qquad = 349^l,7.$

71. $764^{fr},5 + 345^{fr} + (345^{fr} + 82^{fr},75) + (764^{fr},5 + 345^{fr})$
$= 2646^{fr},75.$

72. Chaque nombre qui est doublé s'ajoute au total :
$908,87 + 86,5 + 121,64 = 1117,01.$

73. $859^{fr},45 + 37^{fr},50 + 106^{fr} = 1002^{fr},95.$

74. $1045,729 + 59,826 + 187,53 = 1293,085.$

75. $(43^{fr},50 + 17^{fr},50) + (51^{fr} + 24^{fr}) = 136^{fr}.$

76. $0^{m},018 + 0^{m},019 + (0^{m},018 + 0^{m},019) = 0^{m},074.$

77. $1^{er}\ 704^{fr},85 ;\ 2^{e}\ (704^{fr},85 + 87^{fr},50) = 792^{fr},35 ;$
$3^{e}\ (704^{fr},85 + 792^{fr},35 + 45^{fr},30) = 1542^{fr},50 ;$
$4^{e}\ (792^{fr},35 + 1542^{fr},50 + 189^{fr}) = 2523^{fr},85.$
Ensemble $(704^{fr},85 + 792^{fr},35 + 1542^{fr},50 + 2523^{fr},85)$
$= 5563^{fr},55.$

78. $53,482 + 57,489 + 61,496 + 65,503 + 69,510$
$+ 73,517 + 77,524 + 81,531 = 540,052.$

79. $98,142 + 94,238 + 90,334 + 86,430 + 82,526$
$+ 78,622 + 74,718 + 70,814 + 66,910 + 63,006 + 59,102$
$+ 55,198 + 51,294 + 47,39 = 1018,724.$

80. Pour aller chercher le deuxième caillou et le rapporter vers le premier, il parcourt $(2^{m},5 + 2^{m},5) = 5^{m}$;

Pour aller chercher le troisième et le rapporter aussi vers le premier, il parcourt 5 mètres de plus qu'au premier voyage ;

Chaque trajet nouveau est de 5 mètres de plus que le précédent :
Total $5^{m} + 10 + 15 + 20 + 25 + 30 + 35 + 40 + 45 + 50 + 55$
$+ 60 + 65 + 70 + 75 = 600$ mètres.

SOUSTRACTIONS.

81. 37,3.		**86.** 1,635.
82. 42,45.		**87.** 39,3056.
83. 6,727.		**88.** 562,58.
84. 2,1425.		**89.** 31,3.
85. 58,27.		**90.** 46,59.

91. 5,785.	**101**. 546,52.
92. 44,228.	**102**. 11,223.
95. 46,329	**105**. 44,626.
94. 2,1781.	**104**. 15,3704.
95. 584,82.	**105**. 0,656.
96. 38,832.	**106**. 12,532.
97. 61,2.	**107**. 87,9925.
98. 24,32.	**108**. 0,9929
99. 5,543.	**109**. 368,391.
100. 3,5327.	**110**. 4,0008.

Problèmes sur la soustraction.

111. $39^{kg},8 - 24^{kg},5 = 15^{kg},3$.

112. $42^{fr},50 - 30^{fr} = 12^{fr},50$ de bénéfice.

115. $86^{fr} - 27^{fr},50 = 58^{fr},50$, prix d'achat.

114. Dans $(30,5 - 18) = 12,5$ ou 12 ans et demi.

115. $(45 - 26,5) = 18,5$ ou 18 ans et demi.

116. On lui rendra $(100^{fr} - 87^{fr},50) = 12^{fr},50$.

117. Prix $(50^{fr} - 2^{fr},75) = 47^{fr},25$.

118. J'ai dépensé $(87^{fr},50 - 52^{fr}) = 35^{fr},50$.

119. Le 2e objet coûte $(39^{fr} - 8^{fr},75) = 30^{fr},25$.

120. Différence $(24^m,75 - 19^m,5) = 5^m,25$.

121. Il faut ajouter $(500 - 307,5) = 192^l,5$ d'eau.

122. Longueur $(25^m - 3^m,46) = 21^m,54$.

125. $(10^{gr} - 3^{gr},2258 = 6^{gr},7742$.

124. L'autre a eu $(407^{fr},85 - 253^{fr},50) = 154^{fr},35$.

125. Il faut la diminuer de $(2^m,47 - 1^m,89) = 0^m,58$.

126. J'avais $(207^{fr} - 75^{fr},50) = 131^{fr},50$.

127. Je payerai en plus $(4^{fr},50 - 3^{fr},75) = 0^{fr},75$.

128. Le total sera $(687,8 - 90,59) = 597,21$.

129. Recette réelle $(872^{fr},85 - 50^{fr}) = 822^{fr},85$.

150. Le paletot vaut $(400^{fr} - 371^{fr}) = 29^{fr}$.

131. Celui qui est reporté au marchand vaut 129^{fr}; l'autre vaut $(247^{fr},50 - 129^{fr}) = 118^{fr},50$.

152. Hauteur de la statue $(7^m,28 - 2^m,45) = 4^m,83$.

153. Le fût doit avoir $(11^m - 9^m,75) = 1^m,25$.

154. Le reste diminuera de 14,08 et deviendra $(39,47 - 14,08) = 25,39$.

155. La 1re n'aura plus que $(46^{fr},35 - 19^{fr},80) = 26^{fr},55$ de plus que la 2e.

ADDITION ET SOUSTRACTION COMBINÉES.

Expressions calculées.

136. $= (71,5 - 36,7) = 34,8$.

137. $= (83,83 - 68,61) = 15,22$.

138. $= (9,147 - 4,337) = 4,81$.

139. $= (20,78 - 17,05) = 3,73$.

140. $= (83,2 - 31,3) = 51,9$.

141. $= (176,38 - 162,70) = 13,68$.

142. $= (135,613 - 77,817) = 57,796$.

143. $= (41,679 - 16,245) = 25,434$.

144. $= (93,6 - 56,1) = 37,5$.

145. $= (128,76 - 60,5) = 68,26$.

146. $= (106,619 - 97,1069) = 9,5121$.

147. $= (410,45 - 61) = 349,45$.

148. $= (700,361 - 93,6) = 606,761$.

149. $= (766,058 - 71,8535) = 694,2045$.

150. $= (106,7 - 10,3075) = 96,3925$.

151. $= (28,6 + 35,96 + 5,2) = 69,76$.

152. $= (547,93 + 2,95 + 3,76) = 554,64$.

153. $= (65,17 + 34,8) - 6,67 = (99,97 - 6,67) = 93,3$.

154. $= (862,994 - 81,3) + 58,7 = 781,694 - 58,7$
$= 840,394$.

155. $= (3009,47 - 18,279) - (395,6 + 0,04)$
$= 2991,191 - 395,64) = 2595,551$.

PROBLÈMES SUR L'ADDITION ET LA SOUSTRACTION.

156. Chemin parcouru $(187^m + 215^m) = 402^m$;
Distance $(650^m - 402^m) = 248$ mètres.

157. Les 2 premiers coûtent ensemble $(2^{fr},75 + 5^{fr},30)$
$= 8^{fr},05$;
Prix du 3e $(10^{fr},95 - 8^{fr},05) = 2^{fr},90$.

158. La mère et le fils gagnent ensemble $(2^{fr},50 + 1^{fr},25)$
$= 3^{fr},75$;
Gain du père $(9^{fr},50 - 3^{fr},75) = 5^{fr},75$.

159. Dépense $(3^{fr},50 + 2^{fr},75 + 3^{fr},40 + 4^{fr},50 + 2^{fr},80)$
$= 16^{fr},95$.
Reste sur 25^{fr} $(25^{fr} - 16^{fr},95) = 8^{fr},05$.

160. $5^{fr},10 - (0^{fr},35 + 0^{fr},50 + 1^{fr},75) = 5^{fr},10 - 2^{fr},60$
$= 2^{fr},50$.

161. $6^{fr},70 - (0^{fr},85 + 1^{fr},15 + 1^{fr},20) = 6^{fr},70 - 3^{fr},20$
$= 3^{fr},50$.

161 *bis*. Le tonneau étant représenté par l'unité (1),
il reste $1 - (0,17 + 0,24 + 0,3) = 1 - 0,71 = 0,29$.

162. Le 4e est égal au total des 4 nombres, moins la
somme des 3 premiers :
$195,10 - (53,08 + 27,5 + 9,05) = 195,10 - 89,63 = 105,47$.

163. Total nouveau $(164,87 + 8,7 - 50,06) = 123,51$.

164. Prix des deux tabourets $(10^{fr} - 3^{fr},80) = 6^{fr},20$;
L'un coûtant $3^{fr},25$, l'autre vaut $(6^{fr},20 - 3^{fr},25)$
$= 2^{fr},95$.

165. Prix total de revient $25^{fr} + 6^{fr} = 31^{fr}$;
Bénéfice $42^{fr},50 - 31^{fr} = 11^{fr},50$.

166. $153^m - (47^m,50 + 69^m,70) = 153^m - 117^m,20 = 35,80$.

167. Léon possède $40^{fr} - 8^{fr},85 = 31^{fr},15$;

Charles possède $60^{fr} - 26^{fr},5 = 33^{fr},50$;
Charles possède $(33^{fr},50 - 31^{fr},15) = 2^{fr},35$ de
plus que Léon.

168. La 1re corde a $(20^m - 3^m,45) = 16^m,55$;

La 2ᵉ corde a $(25^m — 6^m,40) = 18^m,60$;

En les mettant bout à bout, on obtiendrait une longueur de $(16^m,55 + 18^m,60) = 35^m,15$.

169. $100^{gr} — (86,8 + 4,02 + 3,32 + 0,58) =$
$$100^{gr} — 94^{gr},72 = 5^{gr},28 \text{ de sucre.}$$

170. $(12^{fr},75 + 14^{fr},50 + 9^{fr},50 + 8^{fr}) — 25^{fr}$
$$= 44^{fr},75 — 25^{fr} = 19^{fr},75.$$

171. Somme déboursée $(7^{fr},50 + 4^{fr},80 + 3^{fr},75 = 16^{fr},05$;

Payé en monnaie $(16^{fr},05 — 10^{fr}) = 6^{fr},05$.

172. Dépense totale $(47^{fr},75 + 28^{fr},80 + 105^{fr},50)$
$$= 182^{fr},05 ;$$

Somme due $182^{fr},05 — 95^{fr} = 87^{fr},05$.

173. Je possède $(300^{fr} — 87^{fr}) = 213^{fr}$;

Il me restera $(213^{fr} — 185^{fr}) = 28^{fr}$.

174. Le total sera augmenté de $(247 + 306) — 85$
$$= 553 — 85 = 468.$$

175. La 2ᵉ a eu $(189^{fr},50 — 37^{fr},45) = 152^{fr},05$;

Somme partagée $(189^{fr},50 + 152^{fr},05) = 341^{fr},55$.

176. La 2ᵉ pièce a $(45^m,50 + 12^m,40) = 57^m,90$;

La 3ᵉ pièce a $(57^m,90 — 19^m) = 38^m,90$;

Longueur des 3 pièces $(45^m,50 + 57^m,90 + 38^m90)$
$$= 142^m,30.$$

177. Poids du 2ᵉ sac $(86^{kg},3 — 5^{kg},5) = 80^{kg},8$.

Poids du 3ᵉ sac $(80^{kg},8 + 4^{kg}) = 84^{kg},8$;

Poids du 4ᵉ sac $(84^{kg},8 — 2^{kg},9) = 81^{kg},9$.

Poids total $(86,3 + 80,8 + 84,8 + 81,9 = 333^{kg},8$.

178. Gustave a eu $(52 + 26) = 78$ noix ;

Frédéric en a eu $(78 — 13) = 65$;

Nombre total de noix $(52 + 78 + 65) = 195$.

179. Le reste augmenté de la quantité ajoutée au grand nombre et diminué de celle qu'on ajoute au petit nombre.

Le nouveau reste sera donc

$$(68,86 + 28,49) — 8,07 = 97,35 — 8,07 = 89,28.$$

180. On a tiré en tout $(87^l + 87^l + 5^l) = 179$ litres;
Reste $(228 - 179) = 49$ litres.

181. Elles auront parcouru en tout

$$(256^m + 308^m + 280^m + 324^m) = 1168 \text{ mètres.}$$

La distance de 1645 mètres sera réduite à

$$(1645 - 1168) = 477 \text{ mètres.}$$

182. Prix de vente $(452^{fr} + 209^{fr}) = 661^{fr}$.
Total des sommes payées

$$500^{fr} + (500^{fr} - 345^{fr}) = 500^{fr} + 155^{fr} = 655 \text{ francs.}$$

Le commerçant redoit $661^{fr} - 655^{fr} = 6$ francs.

183. $87 + 180 + (180 + 50) = 497$ à retrancher du total;
Reste $600 - 497 = 103$ plantes en pépinière.

184. La planche à dessin coûte $(12^{fr},50 - 5^{fr},75) = 6^{fr},55$;
Avant de faire mes emplettes, j'avais

$$(12^{fr},50 + 6^{fr},75 + 1^{fr},50 + 5^{fr},80) = 26^{fr},55;$$

Avant que Léon ne me prêtât 7 francs, je ne
possédais que $(26^{fr},55 - 7^{fr}) = 19^{fr},55$.

185. Le 2ᵉ a reçu $(3745^{fr} - 908^{fr}) = 2837^{fr}$;
Le 3ᵉ a reçu $(3745^{fr} + 2837^{fr}) - 2850^{fr} = 3732^{fr}$
Bénéfice total $(3745^{fr} + 2837^{fr} + 2732^{fr}) = 10314^{fr}$.

186. $(380,58 - 27,30) = 353,28$; $(353,28 + 46,09$
$= 399,37$; $(399,37 - 4,86) = 394,51$;
Total nouveau $(394,51 + 14,07 + 14,07) = 422,65$.

187. De A à D il y a $(1083^m + 705^m) = 1788$ mètres;
De D à B il y a $(4650^m - 1788^m) = 2862$ mètres.

188. Le 2ᵉ a $(2^{fr},85 + 0^{fr},35) = 3^{fr},20$;
Le 3ᵉ a $(2^{fr},85 + 3^{fr},20) - 1^{fr},70 = 6^{fr},05 - 1^{fr},70 = 4^{fr},35$;
Le 4ᵉ $(4^{fr},35 - 2^{fr},45) = 1^{fr},90$.
Somme totale $(2^{fr},85 + 3^{fr},20 + 4^{fr},35 + 1^{fr},90) = 12^{fr},30$.

189. Charles a maintenant $(45 - 19) = 26$ ans;

Jules a maintenant $(28-9)=19$ ans;

Auguste a $26+19-16=29$ ans.

190. Le 2e a fait $(29^m,75-5^m,5)=24^m,25$;

Le 3e a fait $(29^m,75+24^m,25-19^m,8)=34^m,20$.

1° Ils ont fait ensemble $(29^m75+24^m,25+34^m,20)=88^m,20$.

Le 2e a gagné $(31^{fr}-6^{fr},50)=24^{fr},50$;

Le 3e a gagné $24^{fr},50+10^{fr},40)=34^{fr},90$;

2° Il a fallu pour les payer: $(31^{fr}+24^{fr},50+34^{fr},90)=90^{fr},40$.

191. $(285^{fr}+250^{fr}+215^{fr}+180^{fr}+145^{fr})=1075^{fr}$.

192. $(15^{fr}+23^{fr}+31^{fr}+39^{fr}+47^{fr}+55^{fr}+63^{fr}+71^{fr})$
$=344$ francs.

193. 114^{fr} pour le dernier; 102 pour l'avant-dernier, etc.;

Total $(114^{fr}+102^{fr}+90^{fr}+78^{fr}+66^{fr}+54^{fr}+42^{fr}+30^{fr}+18^{fr})=594$ francs.

194. Somme des nombres pairs $(34+36+38+40+42+44+46+48)=328$;

Somme des nombres impairs $(33+35+37+39+41+43+45+47)=320$;

Différence des sommes $(328-320)=8$.

195. Somme des chiffres de rangs pairs : $(5+0+6)=11$;

Somme des chiffres de rangs impairs : $(3+9+4+3)=19$;

Différence des sommes $(19-11)=8$.

196. Reste $1-(0,3+0,08+0,41)=1-0,79=0,21$ de la pièce.

197. Le 1er remplira en 1 heure le $0,01$ du réservoir;

Le 2e en remplira en 1 heure le $0,1$;

Ensemble en 1 heure $(0,01+0,1)=0,11$ du réservoir.

198. Je dois encore $1-(0,25+0,34+0,39)=1-0,98=0,02$ de la somme primitive.

199. Total des deux premières dépenses $(0,21+0,37)=0,58$ de la fortune.

La fortune ayant été diminuée de $(1 — 0,14) = 0,86$, la perte représente la différence entre 0,86 et 0,58, soit $(0,86 — 0,58) = 0,28$ de la fortune primitive.

200. Il faut augmenter le grand nombre du reste qu'on avait obtenu.

NOVEMBRE

EXERCICES DE MULTIPLICATION.

201. 3735.		**223**. 1938,93.
202. 18 391.		**224**. 63,4.
203. 500 045.		**225**. 0,804.
204. 7 087 244.		**226**. 211,645.
205. 82 497 702.		**227**. 8553,6.
206. 429 548.		**228**. 21560,8.
207. 778 042.		**229**. 124,2.
208. 2 711 430.		**230**. 19,5.
209. 6 276 768.		**231**. 1608,2.
210. 25 894 635.		**232**. 211,75.
211. 21 847 970.		**233**. 58 850,22.
212. 395 503 010.		**234**. 5 361,75.
213. 1 548 600.		**235**. 108 923,97.
214. 21 330 000.		**236**. 55,68.
215. 457 300 000.		**237**. 336,6.
216. 7 680 000.		**238**. 23,872.
217. 447.		**239**. 33,0 395.
218. 5387,2.		**240**. 61,71086.
219. 30,12.		**241**. 34,45 354.
220. 2,52.		**242**. 1 829,313.
221. 0,95.		**243**. 0,468.
222. 555,48.		**244**. 0,090854.

245. 0,01 845.   **253.** 0,43 937.

246. 574,908.   **254.** 0,00558.

247. 29,104.   **255.** 0,000 3328.

248. 556,365.   **256.** 112,2.

249. 11,447 875.   **257.** 48,919 68.

250. 45,42 256.   **258.** 988,6918.

251. 1,984.   **259.** 15,2908.

252. 1,9 824.   **260.** 0,3469767.

PROBLÈMES SUR LA MULTIPLICATION

261. $146^f \times 24 = 3\,504$ francs.

262. $450^{kg} \times 30 = 13\,500$ kilogrammes.

263. $108^m \times 250^m = 27\,000$ mètres carrés.

264. $13^{kg},59 \times 8 = 108^{kg},72$.

265. $14^f \times 6,4 = 89^f,60$.

266. $19^f,45 \times 47 = 914^f,15$.

267. $32^{gr},258 \times 27 = 871^{gr},116$.

268. $4^f,9 \times 365 = 1\,788^f,50$.

269. $1^f,25 \times 19,5 = 24^f,375$.

270. $0^l,8 \times 285 = 228$ litres.

271. Charles possède $82^f \times 3,5 = 287$ francs.

272. $10^{kg},45 \times 52 = 543^{kg},4$.

273. $1^{hl},2$ pèsent $68,7 \times 1,2 = 82^{kg},44$;
4 sacs pèsent $82^{kg},44 \times 4 = 329^{kg},76$.

274. $15^m \times 0,25 = 3^m,75$.

275. $1^f,5 \times 0,38 = 0^f,57$.

276. $5^f,75 \times 12 \times 6 = 414$ francs.

277. En 1 minute ou 60 secondes $14 \times 60 = 840$ tours;
En 6 minutes et demie $840 \times 6,5 = 5\,460$ tours.

278. Un rosier vaut $0^f,45$;
37 rosiers valent $0^f,45 \times 37 = 16^f,65$.
200 ou 2 *cents* valent $45^f \times 2 = 90$ francs.
250 ou 2 *cents*,5 $= 45^f \times 2,5 = 112^f,50$.

279. Le carré de 2,96 est 8,7616;

Le carré de 0,38 est 0,1444 ;

Le carré de 0,054 est 0,002916.

280. $4^m \times 4^m \times 3,1416 = 50$ mètres carrés, 2656.

281. $7^m,25 \times 7^m,25 \times 3,1416 = 165^{m2},13035$.

282. Le 2e a fait les $0,52 \times 0,8 = 0,416$ de l'ouvrage.

283. $60 \times 4,25 = 255$ minutes ;

$60 \times 255 = 15\,300$ secondes.

284. L'augmentation serait de $20^l \times 0,075 = 1^l,5$.

285. Une ardoise vaut $0^f,052$;

585 ardoises reviendraient à $0^f,052 \times 585 = 30^f,42$.

100 ardoises reviendraient à $0^f,052 \times 100 = 5^f,20$;

2500 ardoises reviendraient à $0^f,052 \times 2\,500 = 130$ fr.

On peut dire aussi 585 ardoises valent $52^f \times 0,585$ en prenant le *mille* comme base de prix.

100 ardoises valent $52^f \times 0,1$;

2500 ardoises valent $52^f \times 2,5$.

286. $14^l,35 \times 9,5 = 136^l,325$.

287. $6\,366^{km},197 \times 381\,971^{km},82$.

288. $0^{gr},2\,055 \times 27 = 5^{gr},5\,485$.

289. $14 \times 14 \times 50 = 9\,800$ francs.

290. 8 douzaines valent $0^f,65 \times 12 \times 8 = 62^f,40$.

40 boîtes valent $0^f,65 \times 40 = 26$ francs.

291. $37^f \times 0,45 = 16^f,65$.

292. La 2e a reçu $8\,500^f \times 0,45 = 3\,825$ francs ;

La 3e a reçu $3\,825^f \times 0,8 = 3\,060$ francs.

293. La superficie du 2e est de $400 \times 0,9$;

Celle du 3e est $400 \times 0,9 \times 0,875 = 315$ mètres carrés.

294. $1^f,85 \times 27 \times 15 = 749^f,25$.

295. $1^f,7 \times 106 \times 9 = 1621^f,80$.

296. $17^m \times 4,3 = 73^m,10$.

297. $4^f,25 \times 6,75 \times 8 = 229^f,50$.

298. $50^m \times 20 \times 12 = 12\,000$ mètres.

299. $1^f,2 \times 0,138 \times 31,5 = 5^f,3424$ ou $5^f,35$ environ.

300. $6^f \times 0,75 \times 9,8 = 44^f,10$.

ADDITION ET MULTIPLICATION

301. $25,6 \times 57 = 1459,2$.

302. $21,95 \times 8,3 = 206,185$.

303. $84,8 \times 6,4 = 542,72$.

304. $8,74 \times 14,97 = 130,8378$.

305. $19,448 + 29,302 = 48,75$.

306. $0,17\,421 + 5,6072 = 5,78141$.

307. $4,52 + 22,218 + 31,668 = 58,406$.

308. $233,1 + 250,92 = 484,02$.

309. $4413,8136$.

310. $(0,3588 + 30) \times 15,42 = 468,132696$.

311. $0^f,7 \times (224 + 228) = 0^f,7 \times 452 = 316^f,40$.

312. $27,17 \times (1,45 + 0,95) = 27,17 \times 2,4 = 65$ quintaux, 208.

313. $1^f,85 \times (17 + 8,8) = 1^f,85 \times 25,8 = 47^f,73$.

314. $(9^f,25 \times 8,7) + 47^f,05 = 80^f,45 + 47^f,55 = 128$ francs.

315. $(0^f,45 \times 20) + (0^f,35 \times 8) = 9^f + 2^f,8 = 11^f,80$.

316. $(4^f,5 \times 3,5) + (6^f,5 \times 5) = 15^f,75 + 32^f,5 = 48^f,25$.

317. $1^o\ 1,6129 + 5 = 6^{gr},6129$;

$2^o\ 6,6129 \times 20 = 132^{gr},258$.

318. $(2^f,1 \times 7,5 \times 6) + (2^f,25 \times 12 \times 9) = 94^f,50 + 243^f = 337^f,50$.

319. $19^f,75 + (2^f,5 \times 16) + (1^f,6 \times 6,4 \times 3) = 19^f,75 + 40^f + 30^f,72 = 90^f,47$ ou $90^f,45$.

320. $(2^f,75 \times 25) + (2^f,2 \times 50) = 68^f,75 + 110^f = 178^f,75$.

321. $[(105^f + 58^f) \times 12] + 74^f = (163^f \times 12) + 74^f = 1956^f + 74^f = 2030$ francs.

322. $(87 \times 8) + (54 \times 6) = 696 + 324 = 1020$ kilogr.

323. Prix du kilogr. $= 0^f,85 \times 2$;

Prix de $0^{kg},065 = 0^f,85 \times 2 \times 0,065 = 0^f,1105$

Dépense pour $4^h,5 = 0^f,1105 \times 4,5 = 0^f,49725$;

Dépense pour 30 jours $0^f,49725 \times 30 = 14^f,9175$.

324. Poids total $80^{kgr} \times 0,8 \times 24 = 1536$ kilogr.;

Valeur totale $5^f,5 \times 15,36 = 84^f,48$ ou $84^f,50$.

325. Le total des deux parts vaut (1 fois $+$ 0 fois, 5) $= 1$ fois, 5 la part de Eugène, soit $57^f,40 \times 1,5 = 86^f,10$.

On trouverait le même résultat par l'opération suivante :

$57^f,40 + (57^f,40 \times 0,5) = 57^f,40 + 28^f,7 = 86^f,10$.

326. Quantité totale de mélange $107^l,5 + 98^l = 205^l,5$;

Valeur totale $(0^f,45 \times 107,5) + (0^f,5 \times 98) = 48^f,375 + 49^f = 97^f,375$.

327. $(0^f,65 \times 11)) + (0^f,35 \times 6) + (0^f,4 \times 8) = 7^f,15 + 2^f,10 + 3^f,20 = 12^f,45$ par jour.

328. Prix d'achat $(0^f,45 \times 350) + (11^f,75 \times 43) = 157^f,50 + 505^f,25 = 662^f,75$.

Somme déboursée $662^f,75 \times 0,4 = 265^f,10$.

329. Prix d'achat $0^f,76 \times 35 = 26^f,60$;

Bénéfice $26^f,60 \times 0,25 = 6^f,65$.

330. Gain du 1er ouvrier $50^f \times 0,47 = 23^f,50$;

Gain de l'apprenti $23^f,50 \times 0,38 = 8^f,93$;

Gain total $23^f,50 + 8^f,93 = 32^f,43$;

On peut aussi obtenir le gain total en multipliant $23^f,50$ par $(1 + 0,38)$ ou $1,38$.

SOUSTRACTION ET MULTIPLICATION.

Expressions à calculer.

331. $417,7 \times 5,6 = 2339,12$.

332. $7,8 \times 3,13 = 24,414$.

333. $5,4 \times 5,5 = 29,70$.

334. $46,4 \times 13,7 = 635,68$.

335. $68,5 \times 3,3 \times 0,9 = 203,445$.

336. $33,07 \times 1,98 \times 0,1 = 6,54786$.

557. $395,38 - 48,4 = 346,98$.

558. $64,9126 - 0,3563 = 64,5563$.

559. $0,405 - (4 \times 0,05) = 0,405 - 0,2 = 0,205$.

540. $(2,772 - 1,5) - (6,61 \times 0,8) = 1,272 - 0,5288 = 0,7432$.

PROBLÈMES.

541. $0^f,35 \times (240 - 107,5) = 0^f,35 \times 132,5 = 46^f,375$.

542. $(0^f,55 \times 84) - 38^f = 46^f,2 - 38^f = 8^f,20$.

543. $(1^f,75 \times 42) - 50^f = 73^f,50 - 50^f = 23^f,50$.

544. $0^f,35 \times (200 - 24) = 0^f,35 \times 176 = 61^f,60$.

545. 1° $(1^f,50 - 1^f,47) \times 8,7 = 0^f,03 \times 8,7 = 0^f,261$.
2° $0^f,261 \times 10 = 2^f,61$.

546. $(9^f,25 - 7^f,75) \times 12 \times 8 = 144$ francs.

547. $40^f - (5^f,75 \times 5,25) = 40^f - 30^f,1875 = 9^f,8125$ ou $9^f,80$ en nombre rond.

548. L'apprenti fait par jour les $0,17 - 0,045 = 0,125$;
En 4 jours il fera les $0,125 \times 4 = 0,5$ ou la moitié de l'ouvrage.

549. $10063 - (347 \times 7) = 10063 - 2429 = 7634$.

550. $327^f,25 - (19^f,25 \times 3) = 327^f,25 - 57^f,75 = 269^f,50$.

551. $(118^f \times 3) - (19^f \times 18) = 354^f - 342^f = 12$ fr.

552. $(0^f,65 \times 71) - (0^f,75 \times 52) = 46^f,15 - 39^f = 7^f,15$.

553. $0^f,75 \times 7 = 5^f,25$; $0^f,25 \times (12 - 7) = 0^f,25 \times 5 = 1^f,25$; $5^f,25 - 1^f,25 = 4$ francs ;

554. $(0^f,45 \times 91) - 27^f = 40^f,95 - 27^f = 13^f,95$.

555. Bénéfice par heure $0^f,11 - (1^f,3 \times 0,65) = 0^f,11 - 0^f,0845 = 0^f,0255$;
Pour 4 heures $0^f,0255 \times 4 = 0^f,102$;
Pour 20 soirées $0^f,102 \times 20 = 2^f,04$.

556. $(180^f \times 12) - (5^f,45 \times 365) = 2160^f, - 1989^f,25 = 170^f,75$.

557. L'excédant est les $(1 - 0,85) =$ les 0,15 du prix du 1er ; soit 750$^f \times$ 0,16 112^f,50.

558. (6^f,75 $\times$ 14) $=$ 94^f,50 ; 7^f,25 $\times$ 12,5 $=$ 90^f,625 ; Il est préférable de prendre de l'étoffe à 7^f,25.

559. Le grand nombre est *augmenté* de 3 fois 39 et le petit nombre est augmenté de 17.

Le reste subit donc en même temps une augmentation de $(39 \times 3) = .17$ et une diminution de 17, soit une augmentation effective de 100.

560. $[(6,85 \times 6,85) - 5,4 \times 5,4)] \times 3,1416 =$ (46,9225 $-$ 29,16) $\times$ 3,1416 $=$ 17,7625 $\times$ 3,1416 $=$ 55 mètres carrés, 80267.

ADDITION, SOUSTRACTION ET MULTIPLICATION

Expressions calculées :

561. 57,15 $\times$ 17,8 1017,27.
562. 45,95 $\times$ 18,94 $=$ 869,9142.
563. 77,293 $\times$ 1,75 $=$ 135,26275.
564. 48,936 $\times$ 51,55 $=$ 2522,6508.
565. 202,47 $+$ 1,914 $=$ 204,384.
566. 23,986 $\times$ 7,81 $=$ 187.33066.
567. 445,93 $\times$ 7,11 $=$ 3170,5623.
568. 299,2 $+$ 0,74 $-$ 72.45 $=$ 227,49.
569. (52,65 4,2 $\times$ 0,95 $=$ 210,0735.
570. (12,305 $\times$ 0,4) $-$ 8,999 $\times$ 0,47) $=$ 4,9 22 $-$ 4,22953 $=$ 0,69247.

PROBLÈMES.

571. Ils ont ensemble 1 fois 4^f,24, plus les 0,8 de 4^f,25, soit 4^f,25 $\times$ (1 $+$ 0,8) ou 4^f,25 $\times$ 1,8 $=$ 7^f,65.
572. (637 $+$ 205) $\times$ 0,3 $=$ 842 $\times$ 0,3 $=$ 252^f,60.

573. Prix de vente $= 152^f \times (1 + 0,25) = 152^f \times 1,25$ $= 190$ francs.

Recette $190^f \times 0,85 = 161^f,50$.

874. $0,03 \times (1 + 0,7)\, 0,08 \times 1,7 = 0,136$ de l'ouvrage.

575. La grande part $=$ la petite $+ 46$ francs.

Le total des deux parts est : petite $+$ petite $+ 46$ fr.;
Si l'on double ce total ; on a 4 fois la petite $+ 92$ fr.·
La différence est alors 3 fois la petite $+ 92$ francs.

576. $(3^m,1 \times 2 \times 350) = 2170$ mètres ;

$0^f,025 + 2170 = 54^f,25$.

577. On paye les $(1 - 0,05) - 0,95$ du prix d'achat ;
Sur 100 francs, on paye 95 francs ;
Un objet estimé 1 franc est payé $0^f,95$.

578. $(109^f, \times 14) \times (1 - 0,03) = 1526^f \times 0,97 = 1480^f,22$.

579. $27,4 \times (1 - 0,17) = 27,4 \times 0,33 = 22^{hl},742$.

580. $(4^f \times 25) \times (1 - 0,02) = 98$ francs ;

Bénéfice $98^f - (3^f,35 \times 25) = 98^f - 83^f,75 = 14^f,25$.

581. Ce qui a coûté 1 franc est revendu $1^f + 0^f,05 = 1^f,25$;

Ce qui a coûté 100 francs est revendu 105 francs.

582. $37^f \times 1,2 = 44^f,40$.

583. $(10^f.5 + 24) \times (1 + 0,25) = 252^f \times 1,25 = 315$ francs.

584. Prix d'achat $(8^f,3 \times 400) \times (1 - 0,06) = 3\,320^f \times 0,94 = 3120^f,80$;

Bénéfice $(9^f,20 \times 400) - 3\,120^f,80 = 559^f,20$.

585. Prix d'achat d'une balle $31^f,50 \times (1 - 0,05) = 31^f,50 \times 0,95 = 29^r,925$.

Prix de vente d'une balle $42^f \times 0,96 = 40^f,32$;

Bénéfice total $(40^f,32 - 29^f,925) \times 86 = 10^f,395 \times 86 = 893^f,97$.

586. Prix d'achat $27^f \times 0,95 \times 34 = 872^f,10$.

Bénéfice $872^f,10 \times 0,18 = 156^f,978$.

387. Le résultat égalera 1 fois $+$ 0 fois, 3 le nombre 287 ;

On aura donc $287 \times 1,3 = 373,1$.

388. 1° Le multiplicateur sera *multiplié* par $(1 + 0,5)$ et le produit deviendra $(498 \times 1,5) = 747$;

2° Le multiplicateur sera multiplié par $(1 + 0,48)$ et le produit deviendra $(498 \times 1,48) = 737,04$.

389. Il lui en reste les $(1 - 0,25) = 0,75$ soit 82 0 $\times 0,75 = 61\,500$ francs.

390. $35\,700 \times (1 + 0,15) = 35\,700 \times 1,15 = 43\,125$ francs.

391. Il a perdu les $(1 - 0,88) =$ les $0,12$ de 100^f, soit 12 francs.

392. Il me reste les $1 - (0,14 + 0,35) = 1 - 0,75 =$ les $0,25$ de 500^f, soit $500 \times 0,25 = 125$ francs.

393. $15\,000^f \times (1 + 0,3) = 15\,000^f \times 1,3 = 19\,500$ fr.

394. 1er prix de vente $800^g \times 1,45 = 1\,160$ francs ;

Dernier prix de vente $1160^f \times 1,2 = 1392$ francs.

395. $9^f - (0^f,17 \times 41,8) = 9^f - 7^f,089 = 1^f,911$ environ.

396. $(9^f,50 \times 2) + (2^f,3 \times 17) - (1^f,25 \times 9,6) = 46^f,10$.

397. $48 \times (1 - 0,014) = 48 \times 0,986 = 47,328$.

398. $(40^f,75 \times 14) + (37^f,20 \times 13) = 570^f,50 + 483^f,60 = 1054^f,10$.

399. $27\,000^f \times 1 - (0,25 + 0,3) = 27\,000^f \times 0,45 = 12\,150$ francs.

400. Par mois $(9^f \times 12) + (7^f \times 15) + (5^f \times 11) = 108^f + 105^f + 55^f = 268^f$;

Pour 10 mois $= 2680$ francs.

401. $(0^f,60 \times 109) + (0^f,65 \times 94) = 65^f,4 + 61^f,10 = 126^f,50$;

Prix de vente $0^f,7 \times (109 + 94) = 0^f,7 \times 203 = 142^f,10$.

Bénéfice $(142^f,10 - 126^f,50) = 15^f,60$.

402. $800^f \times (0,7 + 0,25) = 800^f \times 0,95 = 760$ francs.

403. Le 2e a $14^m,6 + 3^m,2 = 17^m,8$;

Le 3e a $(14^m,6 + 17^m,8) - 11^m,3 = 21^m,1$;

$0^f,85 \times (14,6 + 17,8 + 21,1) = 0^f,85 \times 53,5 = 45^f,475$.

404. La 2e contient $(220 + 8) = 228$ litres ;

La $3^e = (220 + 228) \times 0,5 = 224$ litres ;

Valeur totale $0^f,67 \times (220 + 228 + 224) = 450^f,24$.

405. La 2^e a $58^m \times 0,7 = 40^m,6$;

$(0^f,8 \times 58) + (0^f,95 \times 40,6) = 46^f,4 + 38^f,57 = 84^f,97$.

406. $[(0^f,55 \times 2) - 1^f,10) \times 35 = (1^f,10 - 0^f,8) \times 35$
$= 10^f,50$;

$10^f,50 \times (1 - 0,2) = 10^f,50 \times 0,8 = 8^f,40$;

407. $(2^f \times 32) + (2^f \times 0,75 \times 40) = 64^f + 60^f = 124$.

408. Ensemble en une heure, les $0,4 + (0,4 \times 0,8)$ ou $(0,4 \times 1,8) =$ les $0,72$ de 5800 litres c'est-à-dire $(5800 \times 0,72) = 4176$ litres.

En une heure et demie $4176^l \times 1,5 = 6264$ litres.

409. $(0^f,45 \times 40 \times 3) + (0^f,55 \times 35 \times 2) + 0^f,75 \times 45) = 54^f + 38^f,50 + 33^f,75 = 126^f,25$.

$126^f,25 \times (1 - 0,04) = 126^f,25 \times 0,96 = 121^f,20$.

410. $(0^f,57 \times 105) + (0^f,45 \times 85 \times 3) + (1^f,20 \times 24)$
$= 59^f,85 + 114^f,75 + 28^f,8 = 203^f,40$.

Somme payée $203^f,4 \times (1 - 0,06) = 191^f,20$.

Somme reçue $191^f,20 \times (1 + 0,12) = 219^f,88$.

411 $(24^h \times 365) + 5^h = 8765$ heures ;

$(60' \times 8765) + 48' = 525\,948$ minutes ;

$(60'' \times 525\,948) + 54'' = 31\,556\,934$ secondes.

412. $(1^f,25 \times 17) + (0^f,65 \times 12) + (0^f,50 \times 5)$
$= 21^f,25 + 7^f,80 + 2^f,50 = 31^f,55$;

Prix d'achat $31^f,55 - 7^f,75 = 23^f,80$.

413. Pour donner *une* bille de plus à chaque élève il lui faudra prendre les 7 qui lui restent et y en joindre *une* autre. C'est donc *huit* billes qu'il donnera de plus ; ainsi il y a *huit* élèves à récompenser et le nombre de billes dont dispose l'instituteur est égal à $(15 \times 8) + 7$ ou $(16 \times 8) - 1 = 127$.

414. Longueur du treillage $(38^{m},7 + 26^{m},8) \times 2$ $= 131$ mètres.

Prix $3^{f},75 \times 131 = 491^{f},25$.

415. Payé d'abord $1000^{f} \times 0,75 = 750^{f}$; reste $= 250^{f}$;

Elle paye les $0,5$ de 250^{f}; restent les $0,5$ ou $250^{f} \times 0,5$ $= 125^{f}$.

416. $47 + 14,1 + 4,23 + 1,269 + 0,3807 = 66,9797$.

417. $(49^{f} \times 0,37) - (32^{f},5 \times 0,75 \times 0,3) = 18^{f},13$ $- 7^{f},3125 = 10^{f},8175$.

418. François possède 10 fois moins que Lucien.

Ils ont ensemble $8^{f},50 + (8^{f},50 \times 0,1)$ ou $(8^{f},5 \times 1,1)$ $= 9^{f},35$.

419. Si elle n'était pas diminuée de $4,87$, cette 29e partie égalerait $72 + 4,87 = 76,87$;

Le nombre cherché vaut donc $76,87 \times 29 = 2229,23$.

420. $1,089 = 1 + 0,089$. Un nombre multiplié par $1 + 0,089$ est augmenté de ses $0,089$.

DÉCEMBRE.

EXERCICES SUR LA DIVISION.

421. $49\,776 : 48 = 1037$.

422. $46\,155 : 85 = 543$.

423. $24\,180 : 52 = 465$.

424. $22\,792 : 74 = 308$.

425. $34\,476 : 68 = 507$.

426. $38\,979 : 61 = 639$.

427. $85\,258 : 94 = 907$.

428. $87\,808 : 98 = 896$.

429. $14\,965 : 205 = 73$.

430. $19\,555 : 307 = 65$.

431. 59 556 : 709 = 84.
432. 31 652 : 386 = 82.
433. 55 468 : 578 = 96.
434. 69 509 : 781 = 89.
435. 65 262 : 894 = 73.
436. 200 605 : 757 = 265.
437. 328 872 : 852 = 386.
438. 389 114 : 769 = 506.
439. 7 203 085 : 8405 = 857.
440. 5 292 474 : 9078 = 583.
441. 7 369 955 : 7465 = 987.
442. 5 042 499 : 6391 = 789.
443. 31 406 082 : 8907 = 3526.
444. 37 953 084 : 5876 = 6459.
445. 531 117 540 : 6395 = 83 052.
446. 17 020 : 460 = 37.
447. 28 420 : 580 = 49.
448. 45 050 : 850 = 53.
449. 62 900 : 740 = 85.
450. 54 400 : 850 = 64.
451. 19 500 : 500 = 39.
452. 487 200 : 8700 = 56.
453. 1 918 000 : 3500 = 548.
454. 268 000 : 4000 = 67
455. 102 700 : 395 = 260
456. 5 943 200 : 8740 = 680.
457. 1470,6 : 43 = 34,2.
458. 4730,4 : 54 = 87,6
459. 6190,8 : 66 = 93,8
460. 192,66 : 39 = 4,94
461. 545,28 : 96 = 5,68.
462. 493,05 : 57 = 8,65
463. 3393,444 : 354 = 9,586
464. 2523 : 58 = 43,5.
465. 26 002,9 : 385 = 67,54.

466. 3414,96 : 65 = 6,384.
467. 360,4 : 6,8 = 53.
468. 241,5 : 3,5 = 69.
469. 539,4 : 8,7 = 62.
470. 2955,2 : 39,8 = 74.
471. 514 200,7 : 746,3 = 689.
472. 282,51 : 6,57 = 43.
473. 715,68 : 8,52 = 84.
474. 260,16 : 2,71 = 96.
475. 2698,64 : 48,19 = 56.
476. 7554,95 : 9,85 = 767.
477. 12,756 : 0,268 = 47.
478. 153,218 : 1,846 = 83.
479. 6063,508 : 7,253 = 836.
480. 1675,952 : 45,296 = 37.
481. 548,405 : 0,649 = 845.
482. 102,96 : 26,4 = 3,9.
483. 512,04 : 75,3 = 6,8.
484. 38,269 : 5,39 = 7,1.
485. 49,932 : 8,76 = 5,7.
486. 19,8186 : 6,834 = 52,9.
487. 148,5225 : 3,075 = 48,3.
488. 52,248 : 5,9 = 8,72.
489. 57,646 : 8,2 = 7,03.
490. 63,894 : 6,9 = 9,26.
491. 6,853 : 0,7 = 9,79.
492. 71,4402 : 38,7 = 1,846.
493. 343,8005 : 50,3 = 6,835.
494. 0,228 : 0,06 = 3,8.
495. 0,785 : 0,17 = 4,5.
496. 0,8339 : 0,269 = 3,1.
497. 0,0378 : 0,027 = 1,4.
498. 0,01504 : 0,0094 = 1,6.
499. 22,8 : 38 = 0,6.
500. 143,5 : 287 = 0,5.

501. 33,93 : 39 = 0,83.
502. 44,88 : 68 = 0,66.
503. 0,408 : 24 = 0,017.
504 3,132 : 87 = 0,036.
505. 2,3564 : 274 = 0,0036.
506. 19 : 38 = 0,5.
507. 36 : 45 = 0,8.
508. 528 : 825 = 0,64.
509. 369 : 4920 = 0,075.
510. 513 : 684 = 0,75.
511. 7 : 386 = 0,018.
512. 93 : 372 = 0,25.
513. 2 : 7605 = 0,00027.
514. 824 : 6592 = 0,125.
515. 1 : 487 = 0,00207.
516. 282 : 0,6 = 470.
517. 315 : 0,9 = 350.
518. 86 : 0,34 = 252,942.
519. 69 : 7,24 = 9,530.
520. 38 : 6,247 = 6,082.
521. 2 : 0,343 = 5,83090.
522. 1 : 0,048 = 20,833...
523. 3 : 6,245 = 0,4803.
524. 40 : 3,8 = 10,526.
525. 620 : 5,3 = 116,98.
526. 3400 : 9,6 = 354,166...
527. 2 : 0,008 = 250.
528. 29,7 : 0,35 = 84,85.
529. 84,2 : 0,55 = 153,0909...
530. 3,9 : 0,75 = 5,2.
531. 0,7 : 0,82 = 0,853.
532. 3,6 : 0,574 = 6,271.
533. 0,8 : 0,045 = 17,77...
534. 64,9 : 3,627 = 17,89.
535. 3,2 : 0,0654 = 48,929.

536. 6,4 : 0,0085 $=$ 752,941.

537. 0,8 : 0,0125 $=$ 64.

538. 93,3 : 47,52 $=$ 1,963.

539. 8,72 : 0,0037 $=$ 2356,7567…

540. 6,2 : 0,058 $=$ 106,896.

541. 3752 : 4,7 $=$ 798,29.

542. 286 : 5,93 $=$ 48,229.

543. 0,068 : 0,5 $=$ 0,136.

544. 3,006 : 94,2 $=$ 0,0319.

545. 0,037 : 0,046 $=$ 0,8043.

546. 0,009 : 8 $=$ 0,001125.

547. 0,0747 : 0,9 $=$ 0,083.

548. 0,0078 : 0,03 $=$ 0,26.

549. 0,0607 : 0,0005 $=$ 121,4.

550. 0,00035 : 0,07 $=$ 0,005.

551. 639 : 0,1 $=$ 6390.

552. 748 : 0,01 $=$ 74800.

553. 805 : 0,001 $=$ 805000

554. 24,6 : 0,1 $=$ 246.

555. 3,95 : 0,01 $=$ 395.

556. 14,271 : 0,001 $=$ 0,001.

557. 63,64 : 0,1 $=$ 636,4.

558. 37,8 : 0,01 $=$ 3780.

559. 1,905 : 0,01 $=$ 190,5.

560. 0,007 : 0,001 $=$ 7.

PROBLÈMES SUR LA DIVISION.

561. Chaque part égale 382 francs.

562. 28^r,50.

563. 2500 pommes.

564. 0 gr, 45.

565. 26 francs le mètre carré.

566. 325 kilogrammes.

567. 1^r,65 le kilogramme de sucre.

568. 0^f,40 le kilogramme de pain.

569. 0^f,85 le mètre.

570. 87 fois.

571. 18 coupons.

572. 400 cruchons.

573. 175 francs par mois.

574. 390 tours par minute.

575. 6 mètres, 4 par heure.

576. 0^f,60 par heure.

576. *bis* (61^f,65 : 9) = 6^f,85 ;

577. 6^f,45 : 0,75 = 9 francs.

578. 6 : 24 = 0^f,25 ;

579. 4^f,60 : 0,8 = 46 : 8 = 5^f,75 le mètre.

580. 87 : 7,25 = 8700 : 725 = 12 mètres.

581. 35,10 : 19,5 = 1^m,80.

582. 1^f,5 : 0,8 = 1^f,875 le litre.

583. 88,35 : 5,7 = 15,5 ou 15 journées et demie.

584. 18 sacs.

585. 7^f,2 : 0,15 = 720 : 15 = 48 francs.

585. *bis* 12 : 20 = 0,6 du prix d'achat.

586. Le prix de vente est (78 : 65) = 1 fois, 2 le prix d'achat ou le prix d'achat $\times$ 1,2.

587. 784^f égalent 1 fois, 4 le prix d'achat ;

Prix d'achat 784^f : 1,4 = 560 francs.

588. 333 420^f valent 1 fois, 08 la fortune primitive ;

Celle-ci était 333 720 : 1,08 = 309 000 francs.

589. Je n'ai payé que les (1 — 0,03) = les 0,97 du prix réel ;

La pièce valait 116,4 : 0,97 = 120 francs.

590. Elle ne renferme plus que les (1 — 0,4) = 0,6 de son contenu primitif.

Capacité 384 : 0,6 = 640 litres.

591. 20^f,35 : 0,37 = 55 francs.

592. 57^{kg},2 représentent les (1 — 0,12) = les 0,88 du poids primitif ou (le poids primitif $\times$ 0,88).

Poids primitif 57,2 : 0,88 = 65 kg.

593. Ils ont ensemble la part de Jean augmentée de ses 0,6 ou multipliée par 1,6 ;

Jean a donc 55^f,2 : 1,6 = 34^f,50

Emile possède 34^f,50 $\times$ 0,6 = 20^f,70.

594. Les 175 billes représentent 1 fois $+$ 6 fois = 7 fois la part de Charles ;

Charles a 175 : 7 = 25 billes et Auguste en a 25 $\times$ 6 = 150.

595. Un nombre multiplié par 7 est *augmenté* de 6 fois lui-même ;

Le nombre proposé est donc 243 : 6 = 40,5.

596. Elle possède maintenant 1 fois $+$ 4 fois son avoir primitif;

L'augmentation de 190^f représente 4 fois cet avoir primitif qui était donc de 190 : 4 = 47^f,50.

597. 171 litres représentent les (1 — 0,25) = 0,75 du contenu, qui était 171 : 0,75 = 228 litres.

598. 2244 : 0,85 = 2640 litres.

599. Bénéfice = 80 — 72 = 8 francs ;

8^f sont les 8 : 72 = les 0,111... environ du prix d'achat.

600. On me fait une remise de 5 francs qui représente (5 : 50) = le 0,1 du prix d'estimation.

601. 175 : 60 = 2 minutes 55 secondes, ou 2 minutes, 91 *centièmes* environ.

602. 483 : 24 = 20 heures 3 minutes, ou 20^h, 125.

603. 3 471 : (60 $\times$ 60) = 3 471 : 3 600 = 0^h,964 environ.

604. 60 847 = (60 $\times$ 60 $\times$ 24) = 60 847 : 86 400 = 0^j,7 042.

605. Il doit encore les (1 — 0,3) = 0,7 de la dette primitive qui était de 350 : 0,7 = 500 francs.

606. 500 : 25 = 20 écheveaux.

607. 1° 18^f,75 la rame ; 2° 0^f,9375 la main ; 3° 0^f,0375 la feuille.

608. Ernest a 15 fois autant que André ; donc 100^f représentent $15 + 1 = 16$ fois la part d'André qui est de $100 : 16 = 6^f,25$;

Ernest a $6^f,25 \times 15 = 93^f,75$.

609. Dépense de Georges $4^f,20 : (1 + 2,5) = 4^f,2 : 3,5 = 1^f,20$;

Dépense d'Auguste $1^f,2 \times 2,5 = 3$ francs.

610. J'aurais en plus 9 fois ce que je possède actuellement ; j'ai donc $316^f,80 : 9 = 35^f,20$.

611. $1 : 0,023 = 1000 : 23 = 43$ pièces, et il manquerait $0^m,011$.

612. 100^f égalent 1 fois $+$ 9 fois $= 10$ fois la petite part ; petite part $100^f : 10 = 10^f$; grande part $10^f \times 9 = 90^f$.

613. 14 jours.

614. $7,854 : 3,1416 = 2^m,50$ de diamètre.

615. 34 pièces pèsent 225 grammes *moins* 5 gr,6456 ; 35 pièces pèsent 225 grammes *plus* 0 gr,806 ;

C'est donc en prenant 35 pièces qu'on s'écarte le moins du poids de 225 grammes.

616. $1 : 0,992 = 1000 : 992 = 1$ litre,008 environ.

617. $1 : 0,135 = 7$ mètres carrés, 407.

618. $1 : 0,02 = 50$ mètres.

619. $0^m,236 : 4 = 0^m,059$ de côté.

620. $0^m,403$ représentent la longueur de la grande règle augmentée de ses 0,55 c'est-à-dire cette longueur multipliée par $(1 + 0,55)$ ou 1,55.

La grande règle a $0^m,403 : 1,55 = 0^m,26$;

La petite règle a $0^m,26 \times 0,55 = 0^m,143$

ADDITION ET DIVISION.

Expressions calculées.

621. $742 : 39 = 19,025.$

622. $76,17 : 45 = 1,692.$

623. $4,796 : 86 = 0,0557.$

624. $16,96 : 6,61 = 2,565.$

625. $5,699 : 7,0005 = 0,814.$

626. $1,92 + 0,011 = 1,931.$

627. $12,52 + 2900,6 = 2913,12.$

628. $830 + 968 + 0,1 + 1798,1.$

629. $(0,0925 + 15,767 + 1185,714) : 500 = 1201,5735 : 500 = 2,403147.$

630. $(12,748 : 37,4) + 0,0134 = (0,3408 + 0,0134) = 0,3542.$

PROBLÈMES.

631. $30^f,55 : (28 + 19) = 30^f,55 : 47 = 0^f,65$ le kg.

632. $(860 + 700) : 30 = 1560 : 30 = 52$ francs.

633. $(27 : 12) + (20 : 8) = 2^f,25 + 2^f,5 = 4^f,75.$

634. $(87 : 12) + (59,5 : 7) = 7^f,25 + 8^f,5 = 15^f,75.$

635. $75^f : (35 + 40 + 25) = 75^f : 100 = 0^f,75$ le litre.

636. $(9^f : 12) + (13^f,20 : 12) = 0^f,75 + 1^f,10 = 1^f,85.$

637. $28^f,15 : (48,9 + 51,6 + 56) = 28^f,15 : 156,5 = 0^f,18$ environ.

638. $63^f,20$ représentent la part de Léon augmentée de ses 0,18 et de ses 0,4, c'est-à-dire la part de Léon multipliée par $(1 + 0,18 + 0,4) = 1,58.$

Léon possède $63^f,20 : 1,58 = 40$ francs.

639. $(3^f,15 : 0,7) + (9^f,60 : 0,48) = 4^f,50 + 20^f = 24^f,50.$

640. Son avoir se trouve diminué de ses $(0,3 + 0,15)$ ou de ses 0,45, qui valent 72^f.

Paul avait donc $72^f : 0,45 = 160$ francs.

SOUSTRACTION ET DIVISION.

Expressions calculées.

641. $51,3 : 45 = 1,14$.

642. $0,96 : 3 = 0,32$.

643. $11,98 - 2,87 = 9,11$.

644. $3,6 - 0,0348 = 3,5652$.

645. $6375 - 12,903 = 6362,097$.

646. $(46,09 : 5) - 4,19 = 9,218 - 4,19 = 5,028$.

647. $(0,73 - 0,71) : 2,85 = 0,02 : 2,85 = 0,007$.

648. $(726 : 5,1) - 0,07 = 142,352 - 0,07 = 142,282$.

649. $(20 - 0,05) : 0,001 = 19,95 : 0,001 = 19950$.

650. $(2,592 : 0,02) - (6,95 : 0,4) = 129,6 - 17,375 = 112,225$.

PROBLÈMES.

651. $(804 - 720) : 30 = 84^f : 30 = 2^f,8$ par Hectolitre.

652. Elle a augmenté de $(280 - 248) = 32$ décimètres cubes pour 248 ; c'est-à-dire de $(32 : 248) = 0^{dm.3},129$ par décimètre cube.

653. $(7340 - 4000) : 8 = 3340^f : 8 = 417^f,5$.

654. $33^f,15 : (39,5 - 14) = 33^f,15 : 25,5 = 1^f,30$ le mètre.

655. $(220^f,20 - 115^f,20) = 105^f$ prix de $28 - 9 = 19$ paniers ;

Prix de chaque panier $105^f : 19 = 5^f,526$ environ.

656. 138,45 représentent les $(0,3 - 0,087) =$ les 0,213 du nombre cherché, qui est $138,45 : 0,213 = 650$.

657. $2^f,80 - (11^f,05 : 17) = 2^f,80 - 0^f,65 = 2^f,15$.

658. $3\,A : 9 = 0\,A, 333\dots ; 5\,A : 14 = 0\,A, 357$.

1° Le 2ᵉ défriche par heure $(0,357 — 0,333) = 0\,A, 024$ de plus que le second;

$9^h : 3 = 3$ heures; $14^h : 5 = 2^h,8$ pour un are;

2° Le 2ᵉ emploie pour défricher un are $(3^h — 2^h,8) = 0,2$ d'heure de moins que le premier.

659. Un litre d'alcool pèse $(1 — 0,27) = 0^{kg},73$;

La quantité d'alcool qui pèse 1^{kg} est

$1 : 0,73 = 1$ litre,369.

660. $(6389^f — 4049^f) : (42 — 27) = 2340^f : 15 = 156^f$ par personne.

MULTIPLICATION ET DIVISION.

Expressions calculées.

661. $181,26 : 0,8 = 226,575$.

662. $425,88 : 14 = 30,42$.

663. $99,21 \times 69 = 6845,49$.

664. $0,2669 \times 0,4 = 0,10\,676$.

665. $397,6 : 41,3 = 9,627$.

666. $(2 \times 3,1) : (36,05 \times 0,834) = 6,2 : 30,0657 = 0,206$.

667. $2400 : 0,317 = 7570,977$.

668. $21,533 \times 58,75 = 1265,06\,375$.

669. $510 \times 0,0376 = 19,176$.

670. $8400 : 3810 = 2,2047$.

PROBLÈMES.

671. $(45 \times 7) = 315$ oranges.

Prix d'une orange $37^f,80 : 315 = 0^f,12$.

672. $7200 : 50 = 144$ pièces.

Poids total $16,129 \times 144 = 2322^{gr},576$.

673. Le produit est, d'une part, multiplié par 8 et

d'autre part, divisé par 5 ; il devient donc $(3845 \times 8) : 5 = 6152$.

674. Le produit sera $(6 \times 5) = 30$ fois plus petit que 2436 ; il égalera $2436 : 30 = 81,2$.

675. $231^f : (15 \times 14) = 231^f : 210 = 1^f10$ le kilog.

676. $(38^f,40 : 2,4) \times 6,8 = 16^f \times 6,8 = 108^f,80$.

677. $112^f,2 : (11 \times 15) = 112^f,2 : 165 = 0^f,68$.

678. $900^f : (45 \times 19) = 900^f : 855 = 1^f,05$ environ.

679. $459^f : (75 \times 18) = 459^f : 1350 = 0^f,34$ le kilog. $0^f,34 \times 100 = 34^f$ les 100 kilog.

680. Chaque partie vaut $(240 \times 0,45) : 90 = 108 : 90 = 1,2$.

ADDITION, SOUSTRACTION, MULTIPLICATION ET DIVISION.

Expressions calculées.

681. $70,65 : 8,5 = 8,3117$.

682. $(90,35 \times 84) : 12 = 632,45$.

683. $(0,42 \times 300) : 5,3 = 126 : 5,3 = 23,773$

684. $110,666 \times 2,994 = 331,334\,004$.

685. $6200 \times 8,9 = 55\,180$.

686. $0,47 : 8,06 = 0,0583$.

687. $30,09 - 16 = 14,09$.

688. $1,79 \times 0,009 = 0,01\,611$.

689. $3,33 \times 2,67 = 8,8911$.

690. $10\,000 \times 0,0125 : 0,5 = 62,5$.

PROBLÈMES.

691. Demi-contour $304 : 2 = 152$ mètres ;
Longueur $152 - 60,7 = 91^m,3$.

692. $330 : 58 = 5$; reste 40 ;
40 ajoutés à 24 donnent un total de 64 qui, divisé par 58, donne au quotient 1 et au reste 6 ;

Le quotient augmentera de $5 + 1 = 6$ unités et le reste sera 6.

693. Hauteur $(493 : 29) \times 2 = 34$ mètres.

694. $(0^f,63 \times 137) + (0^f,67 \times 109) = 86^f,31 + 73^f,03 = 159^f,34$ prix de $137 + 109 = 246$ litres;

Prix d'un litre $159^f,34 : 246 = 0^f,648$ environ.

695. Prix de vente $(21^f \times 6,7) + (22^f,5 \times 10,6) + 50^f = 140^f,70 + 238^f,50 + 50^f = 429^f,20$.

$6,7 + 10,6 = 17^l,3$ de mélange.

Prix de vente de l'hectolitre $429^f,2 : 17,3 = 24^f,80$.

696. Prix de revient du kilogramme $[(1^f,45 \times 92) + (1^f,6 \times 54)] : (92 + 54) = (133^f,40 + 86^f,40) : 146 = 1^f,505$.

Prix de vente du kilog. $1^f,505 + (0^f,08 \times 2) = 1^f,505 + 0^f,16 = 1^f,665$.

697 On lui devait $150^f \times (0,37 + 0,18) = 150^f \times 0,55 = 82^f,50$;

On lui redoit $82^f,50 - 20^f = 62^f 50$.

698. Il ne reste que les $(1 - 0,02) =$ les $0,98$ de 380 litres, soit 380 litres $\times 0,98 = 372$ litres, 4.

Prix du litre $650^f : 372,4 = 1^f,74$ environ.

699. Une poire coûte $(0^f,08 \times 6) : 4 = 0^f,48 : 4 = 0^f,12$.

Une pomme coûte $(0^f,12 \times 5) : 4 = 0^f,60 : 4 = 0^f,15$.

700. Il me restait $0,6$; j'ai dépensé les $0,2$ de ce reste; j'ai donc encore les $0,8$ des $0,6$ de mon avoir primitif;

$0,8 \times 0,6 = 0,48$;

J'avais primitivement $9^f : 0,48 = 18^f,75$.

JANVIER.

EXERCICES.

701. Il faut dix dixièmes pour faire une unité.

702. Une dizaine contient 100 dixièmes.

703. Une centaine contient 10000 centièmes.

704. Une dizaine de mille renferme 1 000 000 centièmes.

705. Il faut 100 000 dix-millièmes pour faire une dizaine.

706. 100. Résultat $8,47 \times 100 = 847$.

707. 100 mètres; $1^f,45 \times 100 = 145^f$.

708. 1000; $7,038 \times 1000 = 7038$.

709. 1000; $1,43 \times 1000 = 1430$ unités ou 143 dizaines.

710. Par 10.

711. Ce nombre est multiplié par 10, c'est-à-dire qu'il augmente de 9 fois sa valeur primitive.

712. Le nombre entier ne change pas, puisque la valeur relative de chaque chiffre reste la même.

713. Le nombre entier est divisé par 10.

714. Le nombre décimal obtenu est la centième partie du nombre entier donné.

715. Le nombre décimal est divisé par 1000.

716. J'ai ajouté 3 zéros.

717. Ce nombre se trouve augmenté de 9 fois la partie déplacée à gauche, puisque cette partie est multipliée par 10, c'est-à-dire par $(1 + 9)$.

Ainsi 4762 devenant 47 062 augmente de 9 fois 47 *centaines*.

718. Le nombre est diminué des 0,99 de la partie déplacée à gauche.

Ainsi 370 083 devenant 3783 diminue des 0,99 de 37 *dizaines de mille*.

719. Le nombre *augmente* de 9 fois la partie déplacée à droite;

Ainsi 3,4065 devenant 3,465 augmente de 9 fois 65 dix-millièmes.

720. 4200^f = 42 billets de cent francs.

721. Le nombre ne change pas de valeur.

722. On trouve 2 fois le plus grand.

723. On trouve le double du plus petit.

724. Le total est augmenté d'une quantité égale à ce nombre.

725. Le reste diminue de 27.

726. Le total diminue de 35.

727. 1° Le total est doublé; 2° le total est quadruplé.

728. Le total est diminué d'une quantité égale au nombre négligé.

729. 1° La différence est augmentée d'une quantité égale au grand nombre.

2° La différence diminue d'une quantité égale au petit nombre.

730. 1° La différence est doublée.

2° La différence est divisée par 2.

731. Le produit devient 5 fois plus grand.

732. Le produit devient 7 fois plus petit.

733. Le produit ne change pas.

734. Le produit reste le même.

735. Le produit augmente de 4 fois le multiplicateur.

736. Le produit augmente de 7 fois le multiplicande.

737. Le produit diminue de 12 fois l'autre facteur.

738. Le produit est augmenté de 4 fois le multiplicateur, diminué de 4 fois le multiplicande et diminué de 16 unités.

759. On multiplie le multiplicande par un certain nombre, et l'on divise le multiplicateur par le même nombre ;

Les deux facteurs se trouvent ainsi : le 1er augmenté, le 2e diminué de quantités inégales, sans que le produit change.

740. On devrait diminuer le dividende de 47 unités.

741. Il faudrait ajouter $386 - 105 = 281$.

742. Il faudrait ajouter $(135 - 81) + 47 = 54 + 47 = 101$.

743. En ajoutant (3 fois 53) ou 159 le quotient augmenterait de 3 unités, mais le reste serait encore 26.

On ne doit donc ajouter que $159 - (26 - 18)$ ou $159 - 8 = 151$.

744. En diminuant le dividende de 5 fois 89, on diminuerait le quotient de 5 unités, mais le reste serait encore 12.

On doit donc diminuer le dividende de $(89 \times 5) - (31 - 12) = 445 - 19 = 426$.

745. Le reste obtenu exprime des unités ; on les réduit en dixièmes pour avoir le chiffre des dixièmes du quotient.

746. Parce qu'il est très simple de retenir la dizaine ajoutée ; on n'a qu'à diminuer d'une unité le chiffre supérieur immédiatement à gauche, ou à augmenter d'une unité son correspondant inférieur. On pourrait ajouter 100, 9, 20, etc., un nombre quelconque enfin au lieu de 10, mais cette façon de procéder compliquerait l'opération au lieu de la simplifier.

747. Pour que les unités de même ordre se correspondent en ligne droite ; cela a pour but unique de faciliter et de rendre plus rapide l'opération.

748. Pour pouvoir ajouter, sans perte de temps, à chaque colonne l'excès du total de la colonne de droite, après qu'on a écrit le chiffre des unités de ce total.

Si l'on n'agissait pas ainsi, on serait obligé de faire plusieurs additions secondaires pour avoir le total définitif de celle qui est proposée.

Il est indifférent de commencer par la droite ou par la gauche, quand le total de chaque colonne ne dépasse pas 9.

749. Voir *Arithmétique théorique* (Interversion des facteurs).

750. Pour rendre moins possibles les erreurs dans l'addition des divers produits partiels.

751. Il faut ajouter 482, c'est-à-dire le nombre lui-même.

752. De 3 fois lui-même ou $71 \times 3 = 213$.

753. De 99 fois 87 ou $(87 \times 99) = 8613$.

754. Pour plus de facilité.

On pourrait commencer par la droite, mais l'opération serait plus longue et plus compliquée.

755. Il faut le diminuer de ses $(1 - 0,65) = 0,35$, c'est-à-dire de $(68 \times 0,35) = 23,8$.

PROBLÈMES SUR LES QUATRE PREMIÈRES OPÉRATIONS.

756. $6^f,8 \times (37 - 18,5) = 6^f,8 \times 18,5 = 125^f,80$.

757. $(12,5 \times 14,5) : 9 = 181,25 : 9 = 20^m,14$ environ.

758. $166^f,25 : 35) - 2^f,25 = 4^f,75 - 2^f,25 = 2^f,50$.

759. Chaque personne devait payer $27^f : 6 = 4^f,50$.

Chacune de celles qui payent donne $4^f,50 + 2^f,25 = 6^f,75$, et les 27 francs se trouvent versés; il y $27 : 6,75 = 4$ personnes qui payent, donc 2 sont insolvables.

760. 1er Reste $= (1 - 0,4) = 0,6$; 2e reste $= (0,6 : 2) = 0,3$ de l'ouvrage payé 9 francs;

L'ouvrage entier a été payé $9^f : 0,3 = 30$ francs.

761. Prix d'achat $170^f : 228 = 0^f,745$ le litre;

Prix de vente $1^f : 0,8 = 1^f,25$;

Bénéfice par litre $1^f,25 - 0^f,745 = 0^f,505$.

762. $1 - (0,25 + 0,3) = 1 - 0,55 = 0,45$ de l'héritage.

763. $1 - (0,3 + 0,45) = 1 - 0,75 = 0,25$ de la pièce; $12^m,5 : 0,25 = 50$ mètres.

764. $1 - (0,38 + 0,32) = 1 - 0,7 = 0,3$ de la somme
Somme $600^f : 0,3 = 2000$ francs;
Part de la 1re $2000^f \times 0,38 = 760$ francs;
Part de la 2^e $2000^f \times 0,32 = 640$ francs.

765. $1 - (0,4 + 0,25) = 1 - 0,65 = 0,35$ du coupon.
$1°$ Longueur du coupon $2^m,45 : 0,35 = 7$ mètres;
$2°$ La 1re a $7^m \times 0,4 = 2^m,8$ et payera $8^f,50 \times 2,8 = 23^f,80$;
La 2e a $7^m \times 0,25 = 1^m,75$ et payera $8^f,50 \times 1,75 = 14^f,875$;
La 3e a $2^m,45$ et payera $8^f,50 \times 2,45 = 20^f,825$.

766. $0,15 + 0,30 = 0,45$; $1 - 0,45 = 0,55$ part du 3e.
L'ouvrage entier a été payé $49^f,50 : 0,55 = 90$ francs.
Le 1er a dû recevoir $90^f \times 0,15 = 13^f,50$;
Le 2e a dû recevoir $90^f \times 0,30 = 27^f$.

767. $760,5 : 4,5 = 165$ intervalles pour 166 arbres sur chaque côté;
$166 \times 2 = 332$ arbres pour les deux côtés.

768. On divise $47^f,95$ en 7 parts égales et l'on donne 1 part à André et 6 parts à Paul;
André possède $47^f,95 : 7 = 6^f,85$, et Paul $6^f,85 \times 6 = 41^f,10$.

769. $100^f - 19^f,50 = 80^f,50$ à eux deux;
$80^f,50 : (9 + 1)$ $8^f,05$.
Eugène a $8^f,05$ et Charles $8^f,05 \times 9 = 72^f,45$.

770. Georges a 15 francs et Henri $7^f,50$.

771. 1er reste $= 1 - 0,05 = 0,95$; 2e reste $0,6$ des $0,95 = 0,57$;
Je possédais d'abord $17^f,10 : 0,57 = 30$ francs.

772. $1°$ $80 - 70 = 10$ mètres;
$2°$ $200 : 10 = 20$ minutes.

773. Quand la 2ᵉ partira, la 1ʳᵉ aura déjà fait 4 kilomètres ;

La 2ᵉ regagnera $0^{km},5$ par heure et rejoindra l'autre au bout de $4 : 0,5 = 8$ heures à $4,5 \times 8 = 36$ kilomètres du point de départ.

774. 8 minutes 18 secondes $= (60 \times 8) + 18 = 498$ secondes

$6366 \times 24096 = 153\,395\,136$ kilomètres.

Vitesse par seconde $153\,395\,136 : 498 = 308\,022$ kilomètres.

775. $6^{f},20 : 4 = 1^{f},55$ le kilogramme ; $5^{f},60 : 3,5 = 1^{f},60$;

Prix total de revient $(1^{f},55 \times 128) + (1^{f},60 \times 107) = 198^{f},40 + 171^{f},20 = 369^{f},60$;

Prix du kilogramme $369^{f},60 : 235 = 1^{f},572$.

Bénéfice par kilogramme $1^{f},75 - 1^{f},572 = 0^{f},178$.

776. Les deux cordes mises bout à bout auront une longueur totale de $97 + 62 = 159$ mètres ;

La plus grande étant double de l'autre, les 159 mètres seront divisés en 3 parties égales dont une pour la petite corde et deux pour la grande. Chaque partie étant de $159 : 3 = 53$ mètres, une des deux cordes devra avoir 53 mètres et l'autre $53 \times 2 = 106$ mètres ;

Sur celle qui a 62 mètres, on prendra une longueur de $62 - 53 = 9$ mètres que l'on ajoutera à l'autre.

777. Différence $1,2 - 0,96 = 0^{hl},24$;

Demi-différence $0,24 : 2 = 0^{hl},12$ à prendre sur le plus grand sac pour les ajouter au plus petit.

778. $31,45 : (0,4 + 0,45) = 31,45 : 0,85 = 37$ litres.

779. $145^{f},50 - (10^{f},75 \times 8) = 145^{f},50 - 86^{f} = 59^{f},50$ prix de $(15 - 8) = 7$ mètres de 2ᵉ qualité ;

Prix du mètre $59^{f},50 : 7 = 8^{f},50$.

780. $(12^{f},5 \times 145) + (14^{f},8 \times 160) = 1812^{f},5 + 2368^{f} = 4180^{f},50$;

9500^f,50 — 4180^f,50 = 5320^f prix de 585 — (145 + 160) ou de 280 mètres carrés.

Prix du mètre carré 5320^f : 280 = 19 francs.

781. Le 1er a reçu (4^f,25 $\times$ 14) = 59^f,50, et le 2e (104^f,50 — 59^f,50) = 45 francs.

Le 2e a travailllé 45 : 3,75 = 12 jours.

782. (0^f,15 $\times$ 47) + (0^f,16 $\times$ 50) = 7^f,05 + 8^f = 15^f,05 ; Prix du 3e sac 20^f,45 — 15^f,05 = 5^f,40 ;

Poids 5,4 : 0,12 = 45 kilogrammes.

783. Pour avoir une bouteille de plus j'aurais dû donner le franc qui me reste et y ajouter 2^f,50 ; une bouteille coûte donc 3^f,50.

784. Pour 12 jours de plus, il me faudrait (3^f,50 + 47^f,50) = 51 francs de plus; je dépense donc par jour 51 : 12 = 4^{f}25.

785. 516 : 43 = 12 hectolitres ;

Dépense pour 50 jours 1^f,75 $\times$ 12 = 21 francs ;

Dépense pour 1 jour 21^f : 50 = 0^f,42.

786. Une chemise revient à (1^f,35 $\times$ 2,8) + 1^f,45 = 3^f,78 + 1^f,45 = 5^f,23.

On revendra la douzaine (5^f,23 + 1^f,15) $\times$ 12 = 6^f,38 $\times$ 12 = 76^f,56 ou 76^f,55 environ.

787. (0^f,12 $\times$ 365) + (1^f,25 $\times$ 52) = 43^f,80 + 65^f = 108^f,80 ;

108,8 : 0,65 = 167^l,38.

788. Les grandes roues parcourront 2^m,58 $\times$ 510 = 1315^m,80.

Les petites roues feront 1315,8 : 1,72 = 765 tours.

789. Dette 5^f $\times$ 39 = 195 francs ;

2^f $\times$ 60 = 120^f ; 195^f — 120^f = 75 francs ;

75 : 0,5 = 150 pièces de 0^f,50.

790. Payé la 2e fois 14 000^f $\times$ 0,8 = 11 200 francs ;

14000^f + 11200^f = 25200 francs en deux fois ;

Payé la 3e fois 27000^f — 25200^f = 1800 francs.

791. 2^f,80 $\times$ 165 = 462^f ; 1 — 0,25 = 0,75 ;

Reste à payer $462^f \times 0,75 = 346^f,50$;

$346,50 : 5,25 = 66$ kilogrammes de café.

792. $104^f,50 - 80^f,75 = 23^f,75$ pour 5 journées ;

Gain par jour $23^f,75 : 5 = 4^f,75$.

793. $8^{kg} \times 0,7 = 5^{kg},6$ de jus et $5^{kg},6$ de sucre ;

$(0^f,45 \times 8) + (0^f,85 \times 2 \times 5,6) = 3^f,60 + 9^f,52 = 13^f,12$ pour 9 kilogrammes de gelée ou $(13^f,12 : 9) = 1^f,46$ par kilogramme.

Prix du pot de $0^{kg},25$ $(1^f,46 \times 0,25) + 0^f,35 = 0^f,36 + 0^f,35 = 0^f,71$.

794. Prix d'achat $(0^f,7 \times 26 \times 3) = 54^f,60$;

Vendu $(12 \times 26 \times 3) - 27 = 936 - 27 = 909$ œufs à $0^f,06$ pour $0^f,06 \times 909 = 54^f,54$.

Perte $0^f,06$ sur le tout.

795. Prix du contenu d'une bouteille $1^f,50 - 0^f,20 = 1^f,30$;

$91 : 1,3 = 910 : 13 = 70$ bouteilles.

796. $(0^f,80 \times 114) + 0^f,75 \times (114 + 20) = 91^f,20 + 105^f,50 = 196^f,70$.

Bénéfice $196^f,70 - 157^f = 39^f,70$.

797. Une blouse revient à $(1^f,40 \times 2,7) + 0^f,15 + 0^f,10 + 1^f,15 = 3^f,78 + 0^f,15 + 0^f,10 + 1^f,15 = 5^f,18$.

Prix de vente de la douzaine $(5^f,18 \times 12) \times (1 + 0,15)$ ou $(5^f,18 \times 12 \times 1,15) = 71^f,484$ ou $71^f,50$ environ.

798. Bénéfice par mètre $12^f,40 \times 0,25 = 3^f,10$;

$(68^f \times 2) = 136^f$;

$136 : 3,1 = 43^m,87$.

799. Prix total de vente $0^f,08 \times 12 \times 15 = 14^f,40$.

$12 \times 15 = 180$ œufs ; $180 - 15 = 165$ œufs à vendre ;

$14^f,40 : 165 = 0^f,087$ environ.

800. $0^f,35 \times 12 \times 35 = 147$ francs à recevoir ;

$(12 \times 35) - 25 = 420 - 25 = 395$ assiettes à revendre ;

Prix de vente d'une assiette $147^f : 395 = 0^f,372$;

Augmentation $= 0^f,022$ environ par assiette.

801. $1^f,20 \times 12 \times 15 = 216$ francs ;

Bénéfice $216^f - 185^f = 131$ francs.

802. Somme — différence = 2 fois le plus petit nombre puisque $S = p + (p + d)$ ou 2 fois $p + d$;

Petit nombre $(68 - 11) : 2 = 58 : 2 = 28,5$;

Grand nombre $28,5 + 11 = 39,5$.

803. $11900 - 2380 = 9520$ litres ;

L'une des deux a fourni $9520^l : 2 = 4760$ litres en 14 heures, soit par heure $4760 : 14 = 340$ litres ;

L'autre $(4760 + 2380) = 7140$ litres en 14 heures, soit, par heure $(7140 : 14) = 510$ litres.

804. $7^f,50 \times 37 = 277^f,50$ à payer ; $277^f,5 \times 0,24 = 66^f,60$;

1° $(66,6 : 18) = 3^m,7$ de drap ;

2° $277^f,50 - 66^f,60 = 210^f,90$ en argent.

805. L'une reçoit le double de la part de l'autre ; il s'agit de diviser 405 en 3 parts égales de chacune 135 fr. ; une des deux personnes aura 1 part ou 135 francs et l'autre 2 parts ou $(135^f \times 2) = 270$ francs.

806. Ensemble $1^{er} + (1^{er} + 500^f) + (1^{er} + 500 + 200)$ ou 3 fois le $1^{er} + 1200^f = 7200$ francs ;

3 fois la part du $1^{er} = 7200 - 1200 = 6000$ francs ;

Le 1er a reçu $6000^f : 3 = 2000^f$; le 2e 2500^f et le 3e 2700 francs.

807. Ensemble $1^{re} + (1^{re} \times 0,75) + (1^{re} \times 0,75 \times 0,5) = 1^{re} + (1^{re} \times 0,75) + (1^{re} \times 0,375) = 1^{re}$ augmentée de ses 0,75 et de ses 0,375 c'est-à-dire $1^{er} \times (1 + 1,125)$ ou $(1^{re} \times 2,125) = 17000$ francs ;

1re $17000^f : 2,125 = 8000$ francs ;

2^e $8000^f \times 0,75 = 6000^f$; 3^e $6000^f \times 0,5 = 3000$ francs.

808. $1^{re} + (1^{re} + 5) + (1^{re} + 10) + (1^{re} + 15) = 4$ fois la 1re part $+ 30 = 98$; 4 fois la 1re part $= 98 - 30 = 68$;

1re part $= 68 : 4 = 17$; 2e part $= 22$; $3^e = 27$; $4^e = 32$.

809. Le rouge et le jaune représentent ensemble les $(0,3 + 0,5) = 0,8$ de la longeur totale ;

Reste $(1 - 0,8) = 0,2$ pour la partie bleue qui a $1^m,80$;

Longueur totale $1^m,8 : 0,2 = 9$ mètres ;

1re partie $= 9^m \times 0,3 = 2^m,70 ; 2^e = 9^m \times 0,5 = 4^m,50$.

810. 3^{hl} de blé $+ 5^{hl}$ d'avoine $= 136$ francs ;

   3^{hl} de blé $+ 4^{hl}$ d'avoine $= 122$ francs ;

$1°$ Différence $= \quad 1^{hl}$ d'avoine pour 14 francs ;

5^{hl} d'avoine coûtent $14^f \times 5 = 70^f$; 3^{hl} de blé coûtent $136^f - 70^f = 66$ francs ;

$2°$ 1^{hl} de blé coûte $66^f : 3 = 22$ francs.

811. 6^{kg} de chocolat $+ 5^{kg}$ de café $= 65$ francs ;

   6^{kg} de chocolat $+ 8^{kg}$ de café $= 86$ francs ;

Différence $= \quad 3^{kg}$ de café pour 21 francs ;

$1°$ Un kilogramme de café coûte $21^f : 3 = 7$ francs ;

Prix de 5 kilogrammes de café $7^f \times 5 = 35^f$;

$65^f - 35^f = 30^f$ pour 6 kilogrammes de chocolat ;

$2°$ Un kilogramme de chocolat coûte $30^f : 6 = 5$ francs.

812. 3 parts de Paul $+ 5$ parts de Gaston $= 121$ marrons ;

3 parts de Paul $+ 1$ part de Gaston $= 56$ marrons ;

Différence $= 4$ parts de Gaston $= 56$ marrons ;

$1°$ Gaston a $56 : 4 = 14$ marrons ;

$65 - 14 = 51 = 3$ fois la part de Paul ;

$2°$ Paul a $51 : 3 = 17$ marrons.

813. 8^{kg} de sucre $+ 3^{kg}$ de thé $= 48^f,80$;

   5^{kg} de sucre $+ 7^{kg}$ de thé $= 92$ francs ;

En multipliant *toute la* 1re *ligne* par 5 et toute la 2e par 8 on obtient :

40^{kg} de sucre $+ 15^{kg}$ de thé $= 244$ francs ;

40^{kg} de sucre $+ 56^{kg}$ de thé $= 736$ francs ;

Différence $= \quad 41^{kg}$ de thé pour 492 francs.

$1°$ Un kilog. de thé coûte $492^f : 41 = 12$ francs ;

Prix de 15 kilog. de thé $= 12^f \times 15 = 180^f$;

$(244^f - 180^f) = 64^f$ pour 40 kilog. de sucre ;

2° Un kilog. de sucre coûte 64^f : 40 = 1^f,60.

814. 9^m de la 1re + 5^m de la 2e = 94 francs;

5^m de la 1re + 8^m de la 2e = 94 francs;

En multipliant toute la 1re ligne par 5 et toute la 2e par 9 on obtient :

45^m de la 2e + 25^m de la 1re = 470 francs ;

45^m de la 2e + 72^m de la 1re = 846 francs ;

Différence = 47^m de la 1re pour 376 francs.

1° Un mètre de la 1re qualité coûte 376^f : 47 = 8 francs.

8^f × 25 = 200^f; (470^f — 200^f) = 270^f pour 45^m de la 2e;

2° Un mètre de la 2e qualité coûte 270^f : 45 = 6 francs.

815. 225^l × 3 = 675 litres;

Bénéfice total 0^f,17 × 675 = 114^f,75.

1° Somme déboursée 540^f — 114^f,75 = 425^f,25 ;

2° Prix de vente du litre 540^f : 675 = 0^f,80.

816. La différence des âges est (40 — 12) = 28 ans;

Quand le fils est né, le père avait 28 ans.

Quand le fils aura 28 ans, le père en aura 56, c'est-à-dire le double ; cela arrivera dans (28 — 12) ou (56 — 40) = 16 ans.

817. Différence des âges = 56 — 31 = 25 ans ;

Lorsque le fils est né, le père avait 25 ans.

Quand le fils avait 25 ans le père en avait 50, c'est-à-dire le double ; cela est arrivé il y a (56 — 50) ou (31 — 25) = 6 ans.

818. Différence des parts (42 — 19) = 23 francs :

La différence restera la même ; si donc j'ai 23 francs, mon frère en aura 46 ou le double ; pour cela il faut qu'on nous donne à chacun (46 — 42) ou (23 — 19) = 4 francs.

819. Différence des âges = (37 — 9) = 28 ans.

Cette différence sera constante et pour que l'âge du père vaille (1 fois + 2 fois) celui du fils, il faut que 2 fois l'âge du fils vaille 28 ans, c'est-à-dire que le fils ait 14 ans, et le père (14 × 3) ou 42 ans;

Cela arrivera dans $(42 - 37)$ ou $(14 - 9) = 5$ ans.

820. 1° Gain par mètre $(58^f - 46^f) : 9,6 = 1^f,25$;

2° Le bénéfice 12 francs représente les $(12 : 46) =$ les 0,26 environ du prix d'achat.

821. On vend 115 francs ce qui a coûté 100 francs ; donc on gagne 15 francs sur 115 francs de vente, c'est-à-dire les $(15 : 115) =$ les 0,13 environ du prix de vente.

822. On vend 100 francs ce qui a coûté $100^f - (100^f \times 0,2)$ ou $100^f - 20^f = 80^f$; on gagne donc 20^f sur 80^f d'achat, c'est-à-dire les $(20 : 80) = 0,25$ du prix d'achat.

823. Puisque le reste augmenté du petit nombre donne le grand nombre, il faut que le nombre retranché, plus *lui-même* augmenté de 37 (soit 2 fois le nombre retranché $+ 37$) donne un total de 205.

2 fois le nombre retranché $= 205 - 37 = 168$;
Nombre à retrancher $168 : 2 = 84$.
Reste $205 - 84 = 121$ ou $(84 + 37)$.

824. Reste $+$ nombre retranché ou (nombre retranché $+$ 6 fois *lui-même* $=$ grand nombre, c'est-à-dire 301 ;
Nombre à retrancher $301 : 7 = 43$;
Reste $301 - 43 = 258$ ou (43×6).

825. Quand le retardataire partira, le régiment aura fait $(4^{km},2 \times 3) = 12^{km},6$ qu'il devra regagner ;

Comme il regagne $(6,1 - 4,2) = 1^{km},9$ par heure de marche, il rejoindra le régiment en $12,6 : 1,9 = 6^h,63$ centièmes environ ; il sera alors $8^h + 6^h,63 = 14^h,63$ ou un peu plus de 2 heures et demie après midi.

826. $2^e (1^{re} + 17^f,50)$; $3^e (1^{re} + 1^{re} + 17^f,50 - 83^f)$;
Les 3 ensemble ont eu $1^{re} + (1^{re} + 17^f,50) + 2$ fois la $1^{re} - 65^f,50$; total 4 fois la $1^{re} - 48^f = 204$ francs ;

1re part $= (204^f + 48^f) : 4 = 252^f : 4 = 63$ francs ;
2e part $= 63^f + 17^f,50 = 80^f,50$;
3e part $= 63^f + 80^f,50 - 83^f = 60^f,50$.
Somme totale $63^f + 80^f,50 + 60^f,50 = 204$ francs ;

827. Si je donnais 11 pièces de 2 francs, cela ferait

$2 \times 11 = 22$ francs, soit $(34 - 22) = 12$ francs en moins;

Chaque fois que je substituerai une pièce de 5 francs à une pièce de 2 francs, je diminuerai de 3 francs cette différence en moins;

Je dois donc donner $12 : 3 = 4$ pièces de 5 francs et $(11 - 4) = 7$ pièces de 2 francs;

Preuve $(2^f \times 7) + (5^f \times 4) = 14^f + 20^f = 34$ francs.

828. 313 places à $0^f,15$ ferment $46^f,95$ soit *en moins* $(69^f,45 - 46^f,95) = 22^f,50$.

Le prix d'une place d'intérieur substitué à celui d'une place d'extérieur diminuant de $0^f,15$ cette différence, le nombre de places d'intérieur est égal à $22,50 : 0,15 = 150$, et celui des places d'extérieur $313 - 150 = 163$.

829. 31 kg. à $5^f,60$ valent $173^f,60$, soit *en moins* $(187,20 - 173,60) = 3^f,60$;

Un kg. à $6^f,40$ substitué à un kg. à $5^f,60$ diminuant cette différence de $6^f,40 - 5^f,60 = 0^f,80$; le nombre des kg. à $6^f,40$ égale $13,60 : 0,8 = 17$; et celui des kg. à $5^f,60 = 31 - 17 = 14$.

830. Prix du coupon $0^f,85 \times 28 = 23^f,80$;

Prix des 6 pièces $253^f,30 - 23^f,80 = 229^f,50$;

Prix d'une pièce $229^f,50 : 6 = 38^f,25$;

Longueur d'une pièce $38,25 : 0,85 = 45$ mètres;

831. $L + G = 53$; $G + C = 57$; $L + C = 60$;

Total $L + G + G + C + L + C = 53 + 57 + 60$;

Ou 2 fois $(L + G + C) = 170$ billes;

donc $L + G + C = 85$;

Léon a $85 - 57 = 28$ billes; Georges en a $85 - 60 = 25$ et Charles $85 - 53 = 32$.

832. $1^{ère} + 2^e = 0^f,20$; $2^e + 3^e = 0^f,21$; $1^{ère} + 3^e = 0^f,19$;

Total $(1^{ère} + 2^e + 2^e + 3^e + 1^{ère} + 3^e) = 0^f,20 + 0^f,21 + 0^f,19$;

Ou 2 fois $(1^{ère} + 2^e + 3^e) = 0^f,60$; donc $(1^{ère} + 2^e + 3^e) = 0^f,30$;

Une pomme de la 1ère qualité vaut 0^f,30 — 0^f,21 = 0^f,09; une de la 2e vaut 0^f,30 — 0^f,19 = 0^f,11 et une de la 3e qualité vaut 0^f,30 — 0^f,20 = 0^f,10.

833. La 1ère prend 100^f, puis l'on divise le reste en 3 parts égales; la 1ère prend encore *une* de ces parts et la 2e les *deux* autres; la 2e a ainsi une part de plus mais 100^f de moins que la 1ère; comme elles possèdent alors autant l'une que l'autre, c'est qu'*une part* vaut 100^f;

La 1ère a en effet 100^f + 100 francs et la 2e (100^f × 2) = 200 fr.

Somme partagée 100^f + (100^f × 3) = 400 francs.

834. Le 1er aurait reçu en plus 0^f,90 × 15 = 13^{f}50 qui représentent le prix des 3 journées de travail de son compagnon; celui-ci gagne donc par jour 13^f,50 : 3 = 4^f,50 ;

Si le 1er ouvrier avait travaillé seul, il aurait 96 francs pour le prix de ses 15 journées; donc il gagne par jour (96^f : 15) = 6^f,40.

FÉVRIER.

DIVISIBILITÉ DES NOMBRES.

835. 42 — 8 — 62 — 16 — 738 — 154 — 3280.

836. 37 — 235 — 101 — 87 — 81 — 2003.

837. 1° = $\frac{56}{15}$ = 3,733...; 2° $\frac{54}{45}$ = 1,2; 3° $\frac{861}{3840}$ = 0,2242.

838. 35 — 205 — 40 — 625 — 75 — 3740 — 835.

839. 245 ou 240; 325 ou 320; 65 ou 60; 925 ou 920, etc.

840. 1° $\dfrac{9}{7}=1{,}285$; 2° $\dfrac{2}{7}=0{,}2857$; 3° 21.

841. 453 — 246 — 6072 — 9414 — 6759.

842. 477 — 2565 ou 2568 — 684 ou 687 ; etc.

843. 744 ou 741 — 474 ou 471 — 3582 ; etc.

844. 384 — 684 — 276 — 5760 — 3051 ou 3081 — 8490.

845. 1° $\dfrac{28}{15}$ ou 28 : 15 $=1{,}866\ldots$; 2° 24 ; 3° 2.

846. 726 — 483 — 375 — 693 — 426 — 750 ; etc.

847. 876 — 597 — 894 ; etc., etc.

848. 3528 — 1398 — 4758 ; etc., etc.

849. 31578 — 29574 ; etc., etc.

850. 9534 — 9974 — 9384 ; etc., etc.

851. 12597 — 53547 — 40587, etc., etc.

852. 68493 — 38973 — 98643 ; etc., etc.

853. 477 — 522 — 5391 — 8847 — 6759.

854. 378 — 657 — 7398 — 2646 — 6075 — 9657.

855. 774 — 9459 — 3771 — 5823 — 6858 — 8559.

856. 585 — 4671 — 6444 — 2367 — 6741 — 495.

857. 7974 — 1962 — 6678 — 4950 — 3582 — 2898.

858. 1° 63 : 30 $=2{,}1$; 2° 270.

859. 1° 63 : 5 $=12{,}6$; 2° 1944 : 7 $=277{,}714$.

860. 732 — 864 — 558 — 3876.

861. 474 — 228 ou 222 — 4350 ou 4356 — 3852 ou 3858 — 7794.

862. 774 — 5256 ou 5286 — 4518 ou 4548 ou 4578 — 2970 — 3942 ou 3972 — 3828 ou 3858 ou 3888.

863. 756 — 594 — 648 — 990 — 792 ; etc., etc.

864. 5374 ou 5734 ou 3574 ou 3754 ou 7354 ; etc., etc.

865. 3950 ou 3590 ou 9350 ; etc., etc.

866. 1° 6 ; 2° 27 : 7 $=3{,}8571$; 3° 16.

867. 1° 140 : 27 $=5{,}185$; 2° 6,746.

868. Reste $=2$ puisque $29=(9 \text{ fois } 3)+2$.

869. Reste $=1$ puisque $31=(10 \text{ fois } 3)+1$.

870. Reste $=3$ puisque $48=(5 \text{ fois } 9)+3$.

871. Reste $= 2$ puisque $7 = 5 - 2$.

872. Reste 3 puisque $3 = 0 + 3$

873. $2 - 3 - 4 - 6 - 8 - 12$.

874. $2 - 4 - 8 - 16$.

875. $3 - 5 - 9 - 15$.

876. $3 \times 2 \times 5$.

877. $6 \times 5 \times 2$; $3 \times 5 \times 4$; $3 \times 2 \times 10$.

878. $7 \times 3 \times 10$; $5 \times 7 \times 6$; $5 \times 14 \times 3$.

879. $2 \times 2 \times 2 = 8$.

880. $3 \times 3 \times 3 \times 3 \times 3 = 243$.

881. 32 est la 5ᵉ puissance de 2.

882. 625 est la 4ᵉ puissance de 5.

883. 16807 est la 5ᵉ puissance de 7.

884. $(2 \times 2 \times 2) \times (3 \times 3) = 72$.

885. $(6 \times 6 \times 6) \times (5 \times 5 \times 5) = 27000$.

886. $(5 \times 5 \times 5 \times 5) \times (2 \times 2 \times 2 \times 2 \times 2) = 20000$.

887. $(3 \times 3 \times 3 \times 3) \times (2 \times 2) \times (5 \times 5 \times 5) = 40500$.

888. $(7 \times 7) \times (7 \times 7 \times 7) = 16807$.

889. $(5 \times 5) \times (5 \times 5 \times 5) \times (2 \times 2 \times 2 \times 2) \times (2 \times 2 \times 2) = 400\,000$.

890. $\dfrac{(9 \times 9 \times 9 \times 9 \times 9) \times (7 \times 7 \times 7 \times 7)}{(9 \times 9 \times 9)} = (9 \times 9) \times (7 \times 7 \times 7 \times 7) = 194481$ ou $(9^2 \times 7^4)$.

891. $\dfrac{(14 \times 14) \times (18 \times 18 \times 18)}{18 \times 18} = (14 \times 14) \times 18 = 3528$.

892. $\dfrac{8^5 \times 7^4 \times 9^5}{7^2 \times 8^3 \times 9^8} = \dfrac{8^2 \times 7^2}{9^3}$.

893. Diviseur commun $= 2$.

894. 19.

895. 3 et 9.

896. Diviseurs $2 - 3 - 6$.

897. 4784.

898. 4834.

899. 2508.

900. 3845; somme des chiffres $= 20$ ou (2 fois 9) $+$ 2.

901. 8897; somme des chiffres $= 32$ ou (3 fois 9) $+$ 5.

902. Il a trouvé un total trop faible de (100 — 10) ou 90 unités.

903. Le reste est trop faible de (2000 — 20) ou 1980.

904. 18 — 36 — 54, etc.

905. 11 — 13 — 17 — 19 — 23 — 29 — 31 — 37 — 41 — 43 — 47 — 53 — 59 — 61 — 67 — 71 — 73 — 79 — 83 — 89 — 97.

PROBLÈMES SUR LES QUATRE OPÉRATIONS.

906. Alfred a 24 ans; il est né en (18.. — 24) $= 18...$

907. Auguste a 32 ans; il est né en (18.. — 32) $= 18..$

908. J'aurai 53 ans dans (8,5 $+$ 6)   14 ans et demi; en l'année actuelle 18.. $+$ (14 ou 15) selon l'époque de la naissance.

909. 37 $+$ (37 $+$ 14) $= 88$ poires;

910. 3785 — 249 $+$ (58 $\times$ 3) $= 3710$.

911. Si André avait autant que Paul, ils auraient ensemble 9^f,35 de plus soit (43^f $+$ 9^f,30) ou 52^f,30 c'est-à-dire 2 fois la plus forte part;

Paul a donc 52^f,30 : 2 $= 26^f$,15;

André a (26^f,15 — 9^f,30) $= 16^f$,85.

912. 548^f $+$ 548^f $+$ 32^f $= 1128^f$ pour les 2 premiers; 3e lot $= 1437^f$ — 1128^f $= 309^f$.

913. 1^f — (1,2 : 2) $=$ (1^f — 0^f,60) $= 0^f$,40.

914. (15^f — 2^f,75) : 7 $= 12^f$,25 : 7 $= 1^f$,75 le mètre;

915. (15^m $\times$ 0,24) $= 3^m$,60;

3,6 : 0,6 $= 6$ tabliers.

916. (38 $\times$ 5) — 9,5 $= 190$ — 9,5 $= 180,5$;

180,5 : 9 $= 20,055...$

917. Il s'agit de refaire les opérations inverses en commençant par la dernière :

90 : 3 = 30 ; 30 + 4 = 34 ; 34 : 2 = 17, nombre pensé.

918. 108 : (5 + 7) = 108 : 12 = 9 jours.

919. 2 + 5 = 7 ; 105 : 7 = 15 pièces de chaque sorte.

920. $7^f,5 + 6^f,75 + 5^f,25 = 19^f,50$ pour un mètre de chaque qualité ;

921. Ils font les 1650 m. à eux deux à raison de (60 + 50) = 110 m. par minute.

Ils se rencontreront au bout de (1650 : 110) = 15 minutes.

922. La rencontre aura lieu au bout de
3990 : (45 + 50) = 3990 : 95 = 42 minutes ;

Le 2ᵉ parcourra la route entière en 3990 : 50 = 79 minutes, 8 ;

Il arrivera donc à son but (79,8 — 42) = 37 minutes et demie après la rencontre.

923. Une plume revient à $0^f,0075$ et la douzaine à $0^f,09$;

On gagne sur le prix de vente d'une douzaine
$0^f,15 — 0^f,09 = 0^f,06$.

924. $(0^f,10 — 0^f,075) \times 12 = 0^f,025 \times 12 = 0^f,30$ par douzaine.

925. Bénéfice par règle $0^f,05 — (0^f,35 : 12) = 0^f,05 — 0^f,0291$;

1 : 0,0291 = 34 règles environ.

926. Bénéfice par œuf $0^f,10 — (0^f,90 : 12) = 0^f,10 — 0^f,75 — 0^f,025$.

Nombre d'œufs à vendre 15 : 0,025 = 600 ou 6 *cents*.

927. $490^f = 4$ fois + 1 fois = 5 fois la petite part ;

Petite part 490 : 5 = 98 ; grande part $98 \times 4 = 392$.

928. 135 m = 1 fois + 6 fois, 5 = 7 fois, 5 la petite part
ou la petite part $\times$ 7,5.

Petite part 135 m : 7,5 = 18 mètres ;

Grande part 18 m $\times$ 6,5 = 117 mètres.

929. La grande part égale $2 \times 3,5 = 7$ fois la petite.

Petite part $192^f : (1 + 7) = 24$ francs ;

Grande part $(24^f \times 7)$ ou $192^f — 24^f = 168$ francs.

930. La grande part vaut $0,5 \times 15 = 7$ fois, 5 la petite part ;

85 francs valent donc $(1 + 7,5) = 8$ fois, 5 la petite somme.

Petite part $85^f : (1 - 8,5) = 10^f$;

Grande part $10^f \times 7,5 = 75^f$.

931. Elle vend le cent $3^f \times (1 + 0,15) = 3^f,45$; la pièce $0^f,0345$; et la douzaine $(0^f,0345 \times 12) = 0^f,414$.

932. $(95,5 - 16,4) \times 4,5 = 79,1 \times 4,5 = 355^l,95$.

933. $(16^f - 12^f,5) = 3^f,5$ de bénéfice par mètre ;

Nombre de mètres vendus $91^f : 3,5 = 26$ mètres.

934. $(3^f,50 - 2^f,85) = 0^f,65$ de bénéfice par mètre ;

Vendu $11,7 : 0,65 = 18$ mètres de ruban qui lui coûtaient $(2^f,85 \times 18) = 51^f,30$.

935. $1^f,80 - 1^f,55 = 0^f,25$ de bénéfice par kilog ;

Vendu $26 : 0,25 = 104$ kilogr.

Prix d'achat $1^f,55 \times 104 = 161^f,20$.

936. Poids du vin $249 - 25,8 = 223$ kg, 2 ;

Nombre de litres $223,2 : 0,992 = 225$;

Prix de vente $0^f,70 \times 225 = 157^f,50$.

937. Il restera les $0,96$ de 148 quintaux, soit $148 \times 0,96 = 142$ quint, 08.

Bénéfice $(35^f \times 142,08) - (32^f,50 \times 148) = 4972^f,80 - 4810^f = 162^f,80$.

938. (3 fois — 2 fois) ce nombre $= 29$;

Donc ce nombre est 29.

939. (5 fois — 2 fois) ce nombre $= 85,2$;

Ce nombre $= 85,2 : 3 = 28,4$.

940. La différence entre le double et la moitié est de 1 fois et demie (1 fois, 5) le nombre cherché ;

Ce nombre est $25,5 : 1,5 = 17$.

941. Si j'avais gagné 15 fr., j'aurais 30^f de plus que je n'ai maintenant ; je posséderais alors le double de ce que j'ai actuellement ; mon avoir actuel se trouvant doublé par une augmentation de 30^f, on en conclut que cet avoir est de 30^f.

942. Vendu 15 m $\times$ 0,3 $=$ 4^m,5 avec un bénéfice de (1^f,50 — 1^f,30) $=$ 0^f,20 par mètre ;

Bénéfice total 0^f,20 $\times$ 4,5 $=$ 0^f,90.

943. Vendu 114 litres pour 0^f,75 $\times$ 114 $=$ 85^f,50.

Les 114 litres qui lui restent lui reviennent à 158^f — 85^f,50 $=$ 72^f,50.

Le litre lui revient à 72^f,50 : 114 $=$ 0^f,636.

944. — Prix de vente du kg. (157^f,50 : 45) $=$ 3^f,50 ;

Bénéfice par kg. (3^f,50 — 2^f,80) $=$ 0^f,70 ;

Bénéfice total 0^f,70 $\times$ 45 $=$ 31^f,50.

945. Bénéfice par mètre 2^f,05 — 1^f,90 $=$ 0^f,15.

Nombre total de mètres 45 : 0,15 $=$ 300 ;

Longueur de chaque pièce 300 : 5 $=$ 60 mètres.

946. 85 kg $\times$ 240 $=$ 20400 kg ou 204 fois 100 kg.

Prix 0^f,012 $\times$ 204 $\times$ 43 $=$ 105^f,264.

947. 2809^f représentent le prix d'achat augmenté de ses 0,06 ou multiplié par 1,06.

1° Prix d'achat 2809 : 1,06 $=$ 2650 francs.

2° Gain 2650^f $\times$ 0,06 $=$ 159 francs.

948. 178^f représentent le prix d'achat multiplié par 0,05 ;

1° Prix d'achat 178^f : 0,05 $=$ 3560 francs ;

2° Prix de vente 3560^f $+$ 178^f $=$ 3738^f.

949. (1^f,55 $\times$ 69) $+$ (1^f,50 $\times$ 78) $=$ 106^f,95 $+$ 117^f $=$ 223^f,95.

Bénéfice 223^f,95 — 215^f $=$ 8^f,95.

950. Poids total 17,5 $\times$ 50 $=$ 875 kg.

Prix d'achat 37^f,50 $\times$ 50 $=$ 1875^f ;

185 $+$ 407 $=$ 592 ; 875 — 592 $=$ 283 kg, à 2^f,40 ;

Prix de vente (2^f,30 $\times$ 185) $+$ (2^f,35 $\times$ 407) $+$ (2^f,40 $\times$ 283) $=$ 425^f,50 $+$ 956^f,45 $+$ 679^f,20 $=$ 2061^f,15.

Bénéfice 2061^f,15 — 1875^f $=$ 186^f,15 ;

951. Prix de vente 202^f,50 $\times$ 1,20 $=$ 243 fr. les 45 kg. ou les 90 demi-kilogr.

Prix du demi-kg. $= 243^f : 90 = 2^f,70$.

952. 198^f représentent le prix d'achat augmenté de ses 200, ou multiplié par 1,20 ;

1° Prix d'achat total $198^f : 1,2 = 165$ fr.

2° Prix d'achat du kilog. $165^f : 35 = 4^f,80$.

953. $27,5 \times 2 = 55$; nombre $= 55 + 17 = 72$.

954. La quantité retranchée doit valoir l'autre moitié du nombre primitif qui est par conséquent 2 fois $17 = 34$.

955. Pour que le reste soit les 0,25 du nombre, il faut qu'on ait diminué ce nombre de ses 0,75 ;

48 valant les 0,75 du nombre recherché, celui-ci est $48 : 0,75 = 64$.

956. La quantité ajoutée (129) vaut 3 fois le nombre cherché qui est $129 : 3 = 43$.

957. Il aurait 1 fois $+$ 3 fois ce qu'il possède actuellement ; 24^f représentent donc 3 fois son avoir actuel qui est $24^f : 3 = 8$.

958. J'aurais dépensé les $(1 - 0,75) = 0,25$ de mon avoir qui est $50^f : 0,25 = 200$ francs.

959. $26 \times 12 = 312$ jours de travail pour gagner $(4^f,75 \times 365) + 61^f,25 = 1794^f$.

Gain journalier $1794^f : 312 = 5^f,75$.

960. 3 mètres, 5 valent $105^f - 78^f,75 = 26^f,25$;

1° Prix du mètre $26^f,25 : 3,5 = 7^f,50$;

2° Longueur du 1er coupon $105 : 7,5 = 14$ mètres ;

Longueur du 2e coupon $14^m - 3^m,5 = 10^m,50$.

961. Acheté $13 \times 5 = 65$ volumes pour $2^f,50 \times 12 \times 5 = 150^f$;

Bénéfice $(3^f,25 \times 65) - 150^f = 211^f,25 - 150^f = 61^f,25$.

962. $100^f : 2,5 = 40$ douzaines ;

Nombre de fagots $13 \times 40 = 520$.

963. $0,35 - 0,059 = 0,291$;

$145^f,50 : 0,291 = 500^f$.

964. Les $(0,25 - 0,055) = 0,195$ de mon avoir valent $56^f - 20^f,90 = 35^f,10$.

Avoir actuel $35^f,1 : 0,195 = 180$ francs.

965. Gain $207^f : 6 = 34^f,50$ par semaine ou $34^f,50 \times 52 = 1794$ francs par an.

Économie $1794^f : 4 = 448^f,50$;

Dépense $1794^f — 448^f,50 = 1345^f,50$.

Dépense par jour $1345^f,50 : 365 = 3^f,70$ environ.

966. Prix du mètre $56^f,55 : 39 = 1^f,45$;

La 1re personne a $24,65 : 1,45 = 17$ mètres.

La 2e personne a $(39 — 17)$ ou $(31,90 : 1,45) = 22$ mètres.

967. $409^f,20$ représentent le prix convenu diminué de ses $0,12$ ou multiplié par $(1 — 0, 12) = 0,88$.

Prix convenu $409^f,20 : 0,88 = 465^f$.

Nombre d'hectolitres $465 : 12,4 = 37,50$

968. $2041^f,20$ sont le prix de $(2041,2 : 0,27) = 7560$ kg.

Un hectare a fourni $7560 : 6,3 = 1200$ kg.

969. S'il avait travaillé 37 jours, il aurait reçu $4^f,75 \times 37 = 175^f,75$ soit *en plus* $(175^f,75 — 110^f,50) = 65^f,25$.

Pour chaque jour perdu, son gain total diffère de $4^f,75$ qu'il n'a pas gagnés, plus $2^f,50$ qu'il a versés, ou $7^f,25$.

Les $65^f,25$ de différence en moins proviennent donc de $65^f,25 : 7^f,25 = 9$ jours passés sans travailler.

970. $23^f,80$ égalent le prix de la pile entière multiplié par $0,28$;

La pile entière coûte $23^f,80 : 0,28 = 85$ francs et contient $85 : 0,34 = 250$ fagots.

971. 7 ouvriers de même activité que le précédent auraient fait, chaque jour, 7 fois sa besogne, mais leur activité n'étant que de $0,8$, ils ne feraient chaque jour que $7 \times 0,8 = 5$ fois, 6 cette besogne ;

Ils auraient exécuté le travail entier en $25 : 5,6 = 4$ jours, 46 ou un peu moins de 4 jours et demi.

972. Vendu $98 : 14 = 7$ hectolitres ;

Reste $14 — 7 = 7$ hectolitres ou 700 litres ou 350 doubles litres.

973. 1176 francs $=$ (valeur réelle $\times 1 - 0,3$) ou (valeur réelle $\times 0,7$).

Valeur réelle (1176 francs : 0,7) $+$ 1680 francs.

Nombre de sacs 1680 : 48 $=$ 35.

974. Il a laissé inachevés les $(1 - 0,6) = 0,4$ du travail pour lesquels on lui retient $69^f,40$;

La somme offerte était $69^f,40 : 0,4 = 173^f,5$;

L'ouvrier a reçu $173^f,5 - 69^f,40 = 104^f,10$.

975. Je n'ai payé que les $(1 - 0,15) = 0,85$ de la pièce, qui m'eût coûté par conséquent $28^f,90 : 0,85 = 34$ francs.

976. Le coupon prélevé vaut $45^f - 34^f,20 = 10^f,80$;

Ce prix est les 10,8 : 45 $= 0,24$ du prix total ;

On a donc prélevé les 0,24 de la pièce.

977. Prix d'achat $980^f + 78^f,75 + 33^f,65 = 1092^f,40$;

Prix de vente $0^f,95 \times 1500 = 1425$ francs ;

Bénéfice total $1425^f - 1092^f,40 = 332^f,60$.

Bénéfice par litre $332^f,60 : 1500 = 0^f,222$ environ.

978. La 2e aura $1^{re} + 1^{re} + 30^f$;

Ensemble 3 fois la $1^{re} + 30^f = 300^f$;

Donc 3 fois la $1^{re} = 300^f - 30^f = 270^f$;

$1^{re} = 270^f : 3 = 90$; 2^e $(90^f \times 2) + 30^f = 210^f$.

979. La 2e aura $1^{re} + 1^{re} + 1^{re} - 40^f$;

Ensemble 4 fois la $1^{re} - 40^f = 500^f$;

Donc 4 fois la $1^{re} = 500^f + 40 = 540^f$;

1re $540^f : 4 = 135^f$; 2^e $(135^f \times 3) - 40^f = 365^f$.

980. $700^f = 1^{re} + (1^{re} \times 2) + (1^{re} \times 2 : 4$ ou $1^{re} \times 0,5)$ $= 1^{re} \times 3,5$;

$1^{re} = 700^f : 3,5 = 200^f$;

2^e $200^f \times 2 = 400^f$;

3^e $400^f : 4$ ou $200^f \times 0,5 = 100^f$.

981. $2^e = (3$ fois la $1^{re}) + 15^f$;

$3^e = (6$ fois la $1^{re}) + 30^f - 20^f$.

Total des 3 parts $= 1^{re} + 3$ fois la $1^{re} + 15^f + 6$ fois la $1^{re} + 10^f = 10$ fois la $1^{re} + 25^f = 400^f$;

Donc 10 fois la 1re part $= 400^f - 25^f = 375^f$:

1re part $= 375^f : 10 = 37^f,50$;

2^e $= (37^f,50 \times 3) + 15^f = 127^f,50$;

3^e $= (127^f,50 \times 2) - 20^f = 235^f$;

Total $37^f,50 + 127^f,50 + 235^f = 400^f$.

982. Paul a 10 fois autant qu'Auguste. Il s'agit donc de diviser $68^f,20$ en $(10 + 1) = 11$ parts égales de chacune $(68^f,20 : 11) = 6^f,20$;

Auguste a une part ou $6^f,20$;

Paul a 10 parts ou 62^f ;

Preuve : $6^f,20 \times 0,1 = 62^f \times 0,01$.

983. Si Charles avait $0^f,80$, Léon aurait 1^f, puisque $0^f,80 =$ les $0,8$ de 1^f ;

Ils auraient ensemble $1^f,80$; or $1^f,80$ sont contenus $(13,5 : 1,8) = 7$ fois, 5 ou 7 fois et demie dans $13^f,50$; donc Léon a 7 fois et demie 1 fr. ou $7^f,50$; et Charles a 7 fois et demie $0^f,80$ ou $(0^f,8 \times 7,5) = 6$ francs.

984. Dépense $(38^f + 15^f + 25^f) = 78$ fr. représentant les $(1 - 0,85) =$ les $0,15$ de ce que je possédais ; ou (Avoir $\times 0,15$).

J'avais par conséquent $78^f : 0,15 = 520$ francs.

985. 1 kg de sucre coûte autant que $(3 : 5) = 0$ kg, 6 de chocolat ;

Pour $44^f,50$, on aurait donc pu avoir $(0$ kg, $6 \times 8) + 7$ kg $+ 6$ kg $= 17$ kg., 8 de chocolat ;

Prix du kilog. de chocolat $= 44^f,50 : 17,8 = 2^f,50$.

Prix du kg. de sucre $= 2^f,50 \times 0,6 = 1^f,50$.

Prix du kg. de thé $= 2^f,50 \times 0,3 = 7^f,50$.

986. Il y a 52 lundis dans l'année ; l'ouvrier perd chaque lundi $(247^f : 52) = 4^f,75$, somme égale au prix de sa journée $+ 1^f,25$.

Sa journée lui est payée d'habitude $(4^f,75 - 1^f,25) = 3^f,50$.

Il gagne par semaine $(3^f,50 \times 5) = 17^f,50$.

987. Quand le 2e partira, le 1er aura fait $34 \times 2 = 68$ km :

Le 2ᵉ qui parcourt (190 : 4) = 47 km., 5 par heure, regagnera par heure (47,5 — 34) = 13 km, 5. Il rattrapera le 1ᵉʳ au bout de (68 : 13,5)=5 h., 037.

Il sera alors à (47,5 × 5, 037) ou (34 × 7, 037) = 249 km., 258 du point de départ.

988. Prix de 42 stères de bois ou de 266 Hl. de charbon = 19ᶠ × 42 = 798ᶠ;

Un Hl. de charbon vaut 798ᶠ : 266 = 3ᶠ;

25 Hl. de charbon valent 3ᶠ × 25 = 75ᶠ.

989. (1ᵐ,25 × 30) + 0ᵐ,60 × 6) + (1ᵐ,80 × 18) = 37ᵐ,50 + 3ᵐ,6 + 32ᵐ,4 = 73ᵐ,50.

Reste = 86ᵐ — 73ᵐ,50 = 12ᵐ,50 pour les pantalons; 12,5 : 1,25 = 10 pantalons;

Le drap d'un pantalon revient à 12ᶠ × 1,25 = 15ᶠ;

Le drap d'un gilet revient à 12ᶠ × 0,6 = 7ᶠ,20;

Le drap d'une jaquette revient à 12ᶠ × 1,8 = 21ᶠ,60.

990. 1ᶠ,50 × 648 = 972ᶠ;

972ᶠ — (0ᶠ,20 × 2 × 720) = 972ᶠ — 288ᶠ = 684ᶠ;

Chaque ouvrier aura 684ᶠ : 36 = 19 francs.

991. 25 × 12 = 300 jours ou 150 fois 2 jours;

5 × 150 = 750 bonnets;

0ᶠ,90 — (0ᶠ,35 : 2) = 0ᶠ,90 — 0ᶠ,175 = 0ᶠ,725 de bénéfice par bonnet.

Gain total 0ᶠ,725 × 750 = 543ᶠ,75 par an.

992. 74 Kg. × 1,06 × 12 = 941 Kg., 28 de blé;

Le blé donne en farine les 0,75 de son poids;

On aura donc 941,28 × 0,75 = 705 Kg., 96 de farine ou 7 sacs de 100 Kg. chacun, plus 5 Kg., 96.

993. Elle a laissé la 1ʳᵉ fois les (1 — 0,25) = 0,75 de 18 centilitres, soit 13 centilitres 50;

Elle a laissé la 2ᵉ fois les (1 — 0,5) = les 0,5 de 13 cl, 50, soit 6 centilitres, 75 du vin versé primitivement.

994. S'il avait fait 27 bonnes compositions, il posséderait 0ᶠ,75 × 27 = 20ᶠ,25;

Mais il redoit au contraire 0ᶠ,65;

Différence $20^f,25 + 0^f,65 = 20^f,90$ *en moins*.

Après chaque composition mauvaise, il possède $0^f,75 + 0^f,35 = 1^f,10$ de moins que si la composition avait été bonne ;

Les $20^f,90$ de déficit proviennent donc de $20,92 : 1,1 = 19$ mauvaises compositions ;

Le nombre des bonnes compositions a été de $27 - 19 = 8$.

Preuve $(0^f,35 \times 19) - (0^f,75 \times 8) = 6^f,65 - 6^f = 0^f,65$.

995. Vente $2^f,25 \times 13 \times 14 = 409^f,50$.

Prix d'achat $1^f,80 \times 12 \times 14 \times (1 - 0,03) = 302^f,40 \times 0,97 = 293^f,328$;

Bénéfice total $409^f,50 - 293^f,328 = 116^f,172$.

996. Achat $3^f,50 \times 12 \times 9 \times (1 - 0,02) = 378^f \times 0,98 = 370^f,44$.

Prix de vente des (13×9) ou 117 portefeuilles $= 370^f,44 \times 120^f = 490^f,44$;

Prix de vente d'un portefeuille $490^f,44 : 117 = 4^f,19$ environ ou $4^f,20$.

997. Une poire coûte $0^f,075$ et est vendue $(0^f,35 : 4) = 0^f,0875$;

Bénéfice par poire $(0^f,0875 - 0^f,075) = 0^f,0125$;

Nombre de poires vendues $2,25 : 0,0125 = 180$; $180 : 12 = 15$ douzaines.

998. Dépense totale $22^f,50 + 3^f,25 + 0^f,35 + 1^f,25 = 27^f,35$.

Recette totale $(0^f,70 \times 2 \times 16,5) + 1^f,43 + 5^f,50 + 1^f,15 = 31^f,18$;

Bénéfice $(31^f,18 - 27^f,35) = 3^f,83$.

999. 9 gr. d'eau sont formés de 1 gramme d'hydrogène et de 8 gr. d'oxygène.

9 gr. sont coutenus $(855 : 9) = 95$ fois dans 855 gr. ;

855 gr. d'eau sont formés de $(1 \times 95) = 95$ gr. d'hydrogène et de $(8 \times 95) = 760$ gr. d'oxygène.

Volume de 95 gr. d'hydrogène $= 95 : 0{,}0895 = 1061$ litres, 452.

Volume de 760 gr. d'oxygène $= 760 : 1{,}432 = 530$ litres, 726.

1000. 80 kg $\times$ 320 $= 25600$ kg. $= 25$ mille, 6 ;

Les 1000 kg. reviennent à $(2^f{,}95 \times 2 \times 10) + 14^f = 59$ fr. $+ 14^f = 73^f$;

Prix d'achat $(73^f \times 25{,}6) = 1868^f{,}80$;

Prix de vente $(8^f \times 320) = 2560^f$;

Bénéfice $(2560^f - 1868^f{,}80) = 891^f{,}20$.

MARS.

FRACTIONS. — EXERCICES

Principes généraux.

1001. $\dfrac{3}{4}$ dpomme .

1002. $\dfrac{5}{8}$ de mètre signifie qu'on a divisé un mètre en 8 parties égales et qu'on a réuni 5 de ces parties.

1003. 5 parts ou $\dfrac{5}{7}$ de sa fortune.

1004. 1° Chaque seau a une capacité égale au $\dfrac{1}{15}$ de celle du tonneau ;

2° 9 seaux rempliraient les $\dfrac{9}{15}$ du tonneau.

1005. 1° Chaque personne a eu $\dfrac{1}{12}$ de la somme ;

2° 7 personnes ensemble en ont reçu les $\dfrac{7}{12}$;

3° Il reste $\dfrac{5}{12}$ ou 5 parts pour les autres.

1006. $\dfrac{18}{50}$ de franc.

1007. $\dfrac{7}{8}$ de mètre.

1008. 1 franc $= \dfrac{1}{9}$ de la part de Léon.

Les 5 francs de Paul représentent les $\dfrac{5}{9}$ de la part de Léon ;

1 franc $= \dfrac{1}{5}$ de la part de Paul ;

Les 9 francs de Léon représentent les $\dfrac{9}{5}$ de la part de Paul.

1008 *bis.* Il a augmenté de 2 grammes ; or 1 gramme étant le $\dfrac{1}{27}$ de 27 grammes, 2 gr. en sont les $\dfrac{2}{27}$.

1009 . . . .

1010. $\dfrac{4}{5} - \dfrac{23}{57} - \dfrac{32}{67} - \dfrac{87}{109} - \dfrac{354}{1817} - \dfrac{2028}{5931} - \dfrac{4}{4}.$

1011. $\dfrac{1}{17} ; \ \dfrac{2}{17} ; \ \dfrac{3}{17} ; \ \dfrac{5}{17} ; \ \dfrac{6}{17} ; \ \dfrac{12}{17} ; \ \dfrac{15}{17}.$

1012. $\dfrac{31}{53} ; \ \dfrac{24}{53} ; \ \dfrac{19}{53} ; \ \dfrac{14}{53} ; \ \dfrac{9}{53} ; \ \dfrac{8}{53} ; \ \dfrac{2}{53}.$

1013. $\dfrac{17}{16} ; \ \dfrac{17}{14} ; \ \dfrac{17}{9} ; \ \dfrac{17}{8} ; \ \dfrac{17}{5} ; \ \dfrac{17}{4} ; \ \dfrac{17}{2} ; \ \dfrac{17}{1}.$

1014. $\dfrac{43}{5} ; \ \dfrac{43}{11} ; \ \dfrac{43}{18} ; \ \dfrac{43}{22} ; \ \dfrac{43}{27} ; \ \dfrac{43}{32} ; \ \dfrac{43}{41}.$

1015. 1° $\dfrac{1}{4}$; 2° $\dfrac{1}{3}$.

1016. C'est à $\dfrac{2}{3}$ qu'il manque le plus pour égaler l'unité; donc $\frac{3}{4}$ est plus grand que $\frac{2}{3}$.

1017. A $\frac{5}{7}$ il manque $\frac{2}{7}$; à $\frac{9}{11}$ il manque $\frac{2}{11}$; or $\frac{2}{11}$ est plus petit que $\frac{2}{7}$, donc c'est $\frac{9}{11}$ qui est la plus grande fraction.

1018. La plus petite est $\frac{8}{15}$.

1019. $\frac{2}{10}$; $\frac{3}{11}$; $\frac{4}{12}$; $\frac{5}{13}$; $\frac{9}{17}$; $\frac{15}{23}$; $\frac{19}{27}$; $\frac{35}{43}$.

1020. $\frac{45}{59}$; $\frac{18}{32}$; $\frac{17}{31}$; $\frac{12}{26}$; $\frac{9}{23}$ $\frac{7}{21}$; $\frac{3}{17}$.

1021. La fraction augmente de valeur lorsqu'on augmente ses deux termes d'une même quantité.

1022. 1° Plus grandes que l'unité: $\frac{34}{7}$; $\frac{28}{19}$; $\frac{49}{5}$;

2° Égales à l'unité: $\frac{8}{8}$; $\frac{19}{19}$; $\frac{3}{3}$;

3° Plus petites que l'unité: $\frac{24}{47}$; $\frac{7}{36}$; $\frac{5}{14}$; $\frac{5}{11}$.

1023. 1° 2^{fr} : 5 ou $\frac{2}{5}$ de franc; 2° 5 fois plus grande.

1024. Sa valeur est multipliée par le nombre qui était dénominateur.

1025. 1° Multiplier le numérateur;
2° Diviser le dénominateur;
3° Ajouter la même quantité à chacun des deux termes.

1026. $\frac{32}{65}$; $\frac{16}{107}$; $\frac{24}{29}$; $\frac{5}{6}$; $\frac{3}{7}$; $\frac{88}{109}$; $\frac{7}{9}$; $\frac{19}{38}$; $\frac{232}{507}$; 5.

1027. 1° Diviser le numérateur;
2° Multiplier le dénominateur;
3° Diminuer d'une même quantité chacun des deux termes.

1028. $\dfrac{1}{14}$; $\dfrac{3}{27}$; $\dfrac{5}{31}$; $\dfrac{3}{25}$; $\dfrac{17}{95}$; $\dfrac{21}{135}$; $\dfrac{8}{175}$; $\dfrac{9}{107}$; $\dfrac{83}{1045}$; $\dfrac{2}{25}$; $\dfrac{19}{425}$.

1029. Il s'agit de multiplier ou de diviser (si cela est possible) les deux termes par le même nombre.

1030. $5 : 6$ ou $\dfrac{5}{6}$.

1031. $\dfrac{3}{35}$.

1032. $\dfrac{3+3}{5+5} = \dfrac{6}{10}$; ou $\dfrac{3+(3\times 2)}{5+(5\times 2)} = \dfrac{9}{15}$; ou $\dfrac{3+(3\times 4)}{5+(5\times 4)} = \dfrac{15}{25}$, etc., etc.

On ajoute à chaque terme ce terme lui-même ou son produit par un multiplicateur quelconque. Le multiplicateur doit nécessairement être le même pour les deux termes ; ainsi dans le 1er exemple on ajoute 3 à 3, et 5 à 5 ; en réalité chacun des deux termes est doublé ; dans les exemples suivants, chaque terme est, en réalité, multiplié (2e exemple) par 3 ; (3e exemple) par 5, etc., etc.

1033. En ajoutant 7 à chacun des deux termes, on augmente la valeur de la fraction.

Quand on multiplie les deux termes par 7, la fraction change de forme, mais non de valeur.

1034. En diminuant de 9 chacun des deux termes, on diminue la valeur de la fraction.

Quand on divise les deux termes par 9, la fraction change de forme, mais non de valeur.

1035. 5 unités ; puisque chaque expression vaudrait 1 unité.

1036. L'expression nouvelle a la même valeur que l'ancienne.

1037. L'expression diminue de valeur.

1038. L'expression augmente de valeur.

1039. $\dfrac{17}{14}$; $\dfrac{155}{152}$; $\dfrac{212}{209}$; $\dfrac{434}{431}$; $\dfrac{511}{508}$; $\dfrac{823}{820}$; $\dfrac{9020}{9017}$.

1040. $\dfrac{5}{17}$ et $\dfrac{9}{17}$; $\dfrac{14}{21}$ et $\dfrac{3}{3}$; $\dfrac{39}{18}$ et $\dfrac{78}{18}$; $\dfrac{5}{13}$ et $\dfrac{47}{55}$.

Réductions des fractions.

1041. $3 = \dfrac{12}{4}$; $7 = \dfrac{35}{5}$; $9 = \dfrac{108}{12}$; $39 = \dfrac{585}{15}$; $17 = \dfrac{9333}{549}$.

1042. $5 = \dfrac{20}{4}$; $5\dfrac{1}{4} = \dfrac{20+1}{4} = \dfrac{21}{4}$.

1043. $5\dfrac{2}{3} = \dfrac{17}{3}$; $8\dfrac{1}{5} = \dfrac{41}{5}$; $9\dfrac{3}{7} = \dfrac{66}{7}$; $14\dfrac{2}{9} = \dfrac{128}{9}$;

$37\dfrac{1}{8} = \dfrac{297}{8}$; $54\dfrac{2}{17} = \dfrac{920}{17}$; $34\dfrac{29}{54} = \dfrac{1865}{54}$.

1044. $1 = \dfrac{4}{4}$; $\dfrac{5}{5} = 1$.

1045. $\dfrac{8}{4} = 2$; $\dfrac{12}{4} = 3$; $\dfrac{32}{4} = 8$.

1046. $\dfrac{40}{5} = 8$; $\dfrac{42}{6} = 7$; $\dfrac{54}{9} = 6$; $\dfrac{81}{9} = 9$; $\dfrac{51}{17} = 3$;

$\dfrac{459}{9} = 51$; $\dfrac{456}{38} = 22$; $\dfrac{1905}{127} = 15$.

1047. $\dfrac{36}{9} = 4$; $\dfrac{54}{18} = 3$; $\dfrac{55}{5} = 11$; $\dfrac{56}{14} = 4$; $\dfrac{234}{39} = 6$;

$\dfrac{696}{87} = 8$; $\dfrac{4944}{309} = 16$.

1048. $6\dfrac{1}{6}$; $2\dfrac{6}{9}$; $3\dfrac{1}{11}$; $1\dfrac{33}{68}$; $9\dfrac{2}{9}$; 21 ; $52\dfrac{10}{18}$; $7\dfrac{296}{508}$.

1049. $5\dfrac{2}{5}$; $3\dfrac{10}{11}$; $3\dfrac{8}{18}$; $4\dfrac{39}{49}$; $5\dfrac{13}{27}$; $12\dfrac{39}{65}$; $13\dfrac{15}{41}$.

1050. 1° $\dfrac{162}{9} = 18$; les deux expressions sont égales ;

2^e $\dfrac{32}{5} = 6$; $\dfrac{2}{5}$; $\dfrac{32}{5}$ est plus grand que 4 ;

3^e $\dfrac{217}{8} = 27\dfrac{1}{8}$; $\dfrac{217}{8}$ est plus grand que 26.

1051. $\dfrac{73}{5} = 14\dfrac{3}{5}$; le drap à 73^{fr} les 5 mètres est le plus cher.

1052. $\dfrac{4320}{9} = 480$; la 1re a le débit le plus considérable.

1053. Le 2e a fait $29^m\dfrac{4}{15}$; c'est lui qui a le plus travaillé.

1054. 27 francs.

1055. 1° 94 mètres ; 2° 188 mètres.

1056. Charles a 34 francs.

1057. 1er *groupe* $\dfrac{2}{3}$; $\dfrac{3}{5}$; $\dfrac{8}{15}$; $\dfrac{7}{12}$; $\dfrac{3}{7}$; $\dfrac{5}{11}$.

2e *groupe* $\dfrac{3}{5}$; $\dfrac{2}{7}$; $\dfrac{2}{15}$; $\dfrac{7}{29}$; $\dfrac{5}{41}$.

3e *groupe* $\dfrac{3}{5}$; $\dfrac{1}{2}$; $\dfrac{3}{5}$; $\dfrac{3}{5}$; $\dfrac{8}{17}$.

1058. 1er *groupe* $\dfrac{3}{41}$; $\dfrac{29}{37}$; $\dfrac{8}{15}$; $\dfrac{15}{19}$; irréductible.

2e *groupe* $\dfrac{3}{11}$; $\dfrac{9}{43}$; $\dfrac{13}{61}$; $\dfrac{2}{3}$; irréductible ;

3e *groupe* $\dfrac{12}{25}$; $\dfrac{41}{75}$; irréductible ; $\dfrac{4}{5}$; $\dfrac{5}{7}$.

1059. 1° Un peu plus de 4 fois ;

2° 4 pour dénominateur ; la fraction serait $\dfrac{1}{4}$.

1060. $\dfrac{1}{4}$; $\dfrac{1}{17}$; $\dfrac{1}{25}$; $\dfrac{1}{41}$; $\dfrac{1}{52}$.

1061. $\frac{3}{37}$ est compris entre $\frac{1}{12}$ et $\frac{1}{13}$; $\frac{5}{91}$ entre $\frac{1}{18}$ et $\frac{1}{19}$; $\frac{7}{93}$ entre $\frac{1}{13}$ et $\frac{1}{14}$; $\frac{19}{41}$ entre $\frac{1}{2}$ et $\frac{1}{3}$; $\frac{83}{575}$ entre $\frac{1}{6}$ et $\frac{1}{7}$.

1062. 1° $\frac{3}{8}$; 2° $\frac{4}{45}$; 3° $\frac{529}{6000}$.

1063. $1\frac{9}{11}$; $1\frac{2}{3}$; $3\frac{9}{11}$; $9\frac{1}{72}$.

1064. $\frac{17}{4}$; $\frac{25}{3}$; $\frac{186}{5}$; $\frac{15}{7}$; $\frac{873}{5}$.

Réduction au même dénominateur.

1065. 1ᵉʳ *groupe* $\frac{8}{12}$ et $\frac{9}{12}$; $\frac{45}{63}$ et $\frac{21}{63}$; $\frac{25}{40}$ et $\frac{16}{40}$; $\frac{76}{323}$ et $\frac{136}{323}$.

2ᵉ *groupe* $\frac{55}{88}$ et $\frac{48}{88}$; $\frac{9}{42}$ et $\frac{28}{42}$; $\frac{20}{36}$ et $\frac{27}{36}$; $\frac{266}{399}$ et $\frac{147}{399}$.

3ᵉ *groupe* $\frac{899}{1363}$ et $\frac{846}{1363}$; $\frac{456}{703}$ et $\frac{555}{703}$; $\frac{3886}{5278}$ et $\frac{2093}{5278}$.

1066. 1ᵉʳ *groupe* $\frac{2}{6}$ et $\frac{5}{6}$; $\frac{3}{12}$ et $\frac{5}{12}$; $\frac{7}{18}$ et $\frac{15}{18}$; $\frac{9}{30}$ et $\frac{18}{30}$.

2ᵉ *groupe* $\frac{18}{21}$ et $\frac{5}{21}$; $\frac{36}{56}$ et $\frac{7}{56}$; $\frac{5}{27}$ et $\frac{21}{27}$; $\frac{7}{84}$ et $\frac{11}{84}$;

3ᵉ *groupe* $\frac{5}{42}$ et $\frac{18}{42}$; $\frac{5}{18}$ et $\frac{4}{18}$; $\frac{7}{108}$ et $\frac{12}{108}$; $\frac{15}{243}$ et $\frac{54}{243}$.

1067. 1ᵉʳ *groupe* $\frac{10}{24}$ et $\frac{9}{24}$; $\frac{3}{24}$ et $\frac{20}{24}$; $\frac{14}{48}$ et $\frac{27}{48}$; $\frac{8}{54}$ et $\frac{21}{54}$.

2^e *groupe* $\dfrac{4}{24}$ et $\dfrac{9}{24}$; $\dfrac{15}{42}$ et $\dfrac{20}{42}$; $\dfrac{25}{70}$ et $\dfrac{36}{70}$; $\dfrac{259}{756}$ et $\dfrac{207}{756}$.

3^e *groupe* $\dfrac{35}{120}$ et $\dfrac{84}{120}$; $\dfrac{52}{80}$ et $\dfrac{25}{80}$; $\dfrac{119}{308}$ et $\dfrac{99}{308}$; $\dfrac{5}{48}$ et $\dfrac{7}{48}$.

1068. 1er *groupe* $\dfrac{40}{60}$, $\dfrac{45}{60}$ et $\dfrac{12}{60}$; $\dfrac{225}{315}$, $\dfrac{189}{315}$ et $\dfrac{70}{315}$.

2^e *groupe* $\dfrac{560}{1008}$, $\dfrac{441}{1008}$ et $\dfrac{144}{1008}$; $\dfrac{308}{1155}$, $\dfrac{990}{1155}$ et $\dfrac{315}{1155}$.

3^e *groupe* $\dfrac{135}{765}$, $\dfrac{340}{765}$ et $\dfrac{306}{765}$; $\dfrac{1235}{2717}$, $\dfrac{836}{2717}$ et $\dfrac{1144}{2717}$.

1069. 1er *groupe* $\dfrac{45}{105}$, $\dfrac{24}{105}$ et $\dfrac{49}{105}$; $\dfrac{5}{45}$, $\dfrac{27}{45}$ et $\dfrac{30}{45}$.

2^e *groupe* $\dfrac{9}{24}$, $\dfrac{2}{24}$, $\dfrac{20}{24}$ et $\dfrac{16}{24}$; $\dfrac{28}{60}$, $\dfrac{55}{60}$, $\dfrac{40}{60}$ et $\dfrac{9}{60}$.

3^e *groupe* $\dfrac{20160}{43200}$, $\dfrac{14688}{43200}$, $\dfrac{14400}{43200}$, $\dfrac{32400}{43200}$, $\dfrac{24300}{43200}$ et $\dfrac{20925}{43200}$.

1070. $\dfrac{1}{12}$ ou $\dfrac{90}{1080}$; $\dfrac{4}{27}$ ou $\dfrac{160}{1080}$; $\dfrac{9}{40}$ ou $\dfrac{243}{1080}$; $\dfrac{4}{15}$ ou $\dfrac{288}{1080}$; $\dfrac{7}{20}$ ou $\dfrac{378}{1080}$; $\dfrac{3}{4}$ ou $\dfrac{810}{1080}$.

1071. $\dfrac{5}{9}$ ou $\dfrac{500}{900}$; $\dfrac{5}{18}$ ou $\dfrac{250}{900}$; $\dfrac{4}{15}$ ou $\dfrac{240}{900}$; $\dfrac{1}{10}$ ou $\dfrac{90}{900}$; $\dfrac{1}{12}$ ou $\dfrac{75}{900}$; $\dfrac{2}{25}$ ou $\dfrac{72}{900}$; $\dfrac{7}{90}$ ou $\dfrac{70}{900}$.

1072. On réduit deux fractions au même numérateur en multipliant les deux termes de chacune par le numérateur de l'autre; cette transformation n'est guère utile que pour faciliter la comparaison des deux fractions.

1073. $\dfrac{2}{3}$ et $\dfrac{5}{8} = \dfrac{10}{15}$ et $\dfrac{10}{16}$; la plus grande des deux fractions est $\dfrac{2}{3}$.

1074. $\frac{5}{7}$ et $\frac{9}{16} = \frac{45}{63}$ et $\frac{45}{80}$. La plus grande des deux fractions est $\frac{5}{7}$.

1075. $\frac{3}{4}$ ou $\frac{6}{8}$; $\frac{2}{3}$ ou $\frac{6}{9}$; $\frac{2}{5}$ ou $\frac{6}{15}$; $\frac{1}{7}$ ou $\frac{6}{42}$.

ADDITION DES FRACTIONS.

Exercices :

1076. $\frac{5}{7}$.

1077. $\frac{7}{11}$.

1078. $\frac{10}{17}$.

1079. $\frac{16}{25}$.

1080. $\frac{14}{31}$.

1081. $\frac{80}{104}$.

1082. $1\frac{1}{3}$.

1083. $1\frac{2}{5}$.

1084. $1\frac{3}{8}$.

1085. $1\frac{4}{15}$.

1086. $1\frac{5}{17}$.

1087. $1\frac{17}{37}$.

1088. $2\frac{3}{7}$.

1089. $3\frac{2}{5}$.

1090. $9\frac{1}{15}$.

1091. $7\frac{1}{3}$.

1092. $15\frac{2}{11}$.

1093. $24\frac{5}{39}$.

1094. $10\frac{2}{4}$ ou $10\frac{1}{2}$.

1095. $17\frac{3}{5}$.

1096. $15\frac{7}{7}$ ou 16.

1097. $42\frac{14}{19}$.

1098. $116\frac{14}{14}$ ou 117.

1099. $\frac{10+3}{15} = \frac{13}{15}$.

1100. $\dfrac{45+14}{105}=\dfrac{59}{105}$.

1101. $\dfrac{28+38}{133}=\dfrac{66}{133}$.

1102. $\dfrac{15+8}{24}=\dfrac{23}{24}$.

1103. $\dfrac{27+44}{99}=\dfrac{71}{99}$.

1104. $\dfrac{238+19}{266}=\dfrac{257}{266}$.

1105. $\dfrac{133+82}{287}=\dfrac{215}{287}$.

1106. $\dfrac{518+1113}{1961}$

$=\dfrac{1631}{1961}$.

1107. $\dfrac{3053+1767}{6603}$

$\dfrac{4820}{6603}$.

1108. $4+\dfrac{22+15}{55}=4\dfrac{37}{55}$.

1109. $8+\dfrac{45+28}{105}$

$=8\dfrac{73}{105}$.

1110. $15+\dfrac{7+3}{21}$

$=15\dfrac{10}{21}$.

1111. $54+\dfrac{15+28}{70}$

$=54\dfrac{43}{70}$.

1112. $41+\dfrac{14+27}{63}$

$=41\dfrac{41}{63}$.

1113. $366+\dfrac{75+92}{230}$

$=366\dfrac{167}{230}$.

1114. $168+\dfrac{9+2}{18}$

$=168\dfrac{11}{18}$.

1115. $\dfrac{2}{4}+\dfrac{1}{3}=\dfrac{3}{4}$.

1116. $\dfrac{3}{6}$ ou $\dfrac{1}{2}$.

1117. $\dfrac{5}{10}$ ou $\dfrac{1}{2}$.

1118. $\dfrac{7}{9}$.

1119. $\dfrac{13}{14}$.

1120. $\dfrac{12}{21}$ ou $\dfrac{4}{7}$.

1121. $\dfrac{15}{8}$ ou $1\dfrac{7}{8}$.

1122. $\dfrac{25}{18}=1\dfrac{7}{18}$.

1123. $\dfrac{15+10+6}{42}=\dfrac{31}{42}$.

1124. $\dfrac{13}{34}$.

1125. $\dfrac{57}{44}=1\dfrac{13}{44}$.

1126. $3\frac{5}{6}$.

1127. $14\frac{7}{8}$.

1128. $18\frac{7}{9}$.

1129. $39\frac{15}{24}$ ou $39\frac{5}{8}$.

1130. $124\frac{37}{56}$.

1131. $179\frac{67}{120}$.

1132. $\frac{59}{60}$.

1133. $\frac{229}{190}$ ou $1\frac{39}{190}$.

1134. $\frac{273}{434}$.

1135. $\frac{211}{280}$.

1136. $\frac{1931}{1683}$ ou $1\frac{248}{1683}$.

1137. $\frac{1826}{1785}=1\frac{41}{1785}$.

1138. $\frac{31}{24}=1\frac{7}{24}$.

1139. $\frac{133}{90}=1\frac{43}{90}$.

1140. $\dfrac{144+56+42+168+105}{252}=\dfrac{515}{252}=2\dfrac{11}{252}$.

1141. $\dfrac{128+140+120+50+105}{240}=\dfrac{543}{240}=2\dfrac{63}{240}=2\dfrac{21}{80}$.

1142. $3+\dfrac{90+27+30}{135}=3+1\dfrac{12}{135}=4\dfrac{4}{45}$.

1143. $15\frac{39}{40}$.

1144. $20+\dfrac{44+56+11}{154}=20\dfrac{111}{154}$.

1145. $21+\dfrac{74}{63}=22\dfrac{11}{63}$.

1146. $173+\dfrac{20+60+150+40+75+96}{180}=$

$173+\dfrac{441}{180}=175\dfrac{81}{180}=175\dfrac{9}{20}$.

1147. $307+\dfrac{96+300+160+120+270+405}{720}=$

$307+\dfrac{1351}{720}=308\dfrac{631}{720}$.

PROBLÈMES SUR L'ADDITION DES FRACTIONS.

1148. Les $\dfrac{5}{7}$ de la pièce.

1149. $\dfrac{7}{9}$ de mètre.

1150. 162 mètres $\dfrac{4}{8}$ ou 162 mètres $\dfrac{1}{2}$.

1151. 66 mètres $\dfrac{2}{5}$.

1152. 11 kilog. $\dfrac{5}{10}$ ou 11 kilog. $\dfrac{1}{2}$.

1153. Les $\dfrac{53}{63}$ de l'ouvrage.

1154. 37 $\dfrac{19}{28}$.

1155. 55 francs $\dfrac{17}{20}$.

1156. 9 litres $\dfrac{10}{21}$ par minute.

1157. 4 Décalitres $\dfrac{9}{10}$.

1158. 450 litres $\dfrac{13}{15}$ de vin.

1159. 57 kilomètres $\dfrac{37}{40}$.

1160. 60 francs $\dfrac{9}{20}$.

1161. 264 $\dfrac{143}{154}$.

1162. Les $\dfrac{311}{495}$ de l'ouvrage.

1163. 42 heures $\dfrac{19}{60}$.

1164. 61 mètres $\dfrac{1}{3}$.

1165. $\dfrac{16}{3} + \dfrac{15}{4} + 9 = 18$ centimes $\dfrac{1}{12}$.

1166. 29 francs $\dfrac{2}{7}$.

1167. $\dfrac{1}{8} + \dfrac{1}{9} + \dfrac{1}{10} = \dfrac{121}{360}$ du travail.

1168. $\dfrac{1}{7} + \dfrac{1}{9} + \dfrac{1}{11} + \dfrac{1}{12} + \dfrac{1}{15} = \dfrac{6859}{13860}$.

SOUSTRACTION DES FRACTIONS.

Exercices :

1169. $\dfrac{3}{7}$.

1170. $\dfrac{8}{19}$.

1171. $\dfrac{2}{87}$.

1172. $\dfrac{2}{3}$.

1173. $\dfrac{3}{5}$.

1174. $\dfrac{11}{29}$.

1175. $1\dfrac{3}{4}$.

1176. $4\dfrac{1}{3}$.

1177. $7\dfrac{10}{19}$.

1178. $\dfrac{3}{4}$.

1179. $5\dfrac{7}{9}$.

1180. $10\dfrac{2}{7}$.

1181. $26\dfrac{13}{15}$.

1182. $17\dfrac{13}{17}$.

1183. $476\dfrac{7}{9}$.

1184. $\dfrac{19}{30}$.

1185. $\dfrac{38}{63}$.

1186. $\dfrac{65}{646}$.

1187. $\dfrac{5}{8} - \dfrac{2}{8} = \dfrac{3}{8}$.

1188. $\dfrac{9}{30}$ ou $\dfrac{3}{10}$

1189. $\dfrac{31}{72}$.

1190. $4\dfrac{1}{7}$.

1191 $.6\dfrac{1}{9}$.

1192. $28\dfrac{8}{19}$.

1193. $3\dfrac{13}{24}$.

1194. $5\dfrac{28}{99}$.

1195. $12\dfrac{179}{285}$.

1196. $4\dfrac{1}{9}$.

1197. $31\dfrac{5}{36}$.

1198. $734\dfrac{37}{105}$

1199. $\dfrac{9}{7} - \dfrac{5}{7} = \dfrac{4}{7}$.

1200. $\dfrac{14}{11} - \dfrac{7}{11} = \dfrac{7}{11}$.

1201. $\dfrac{26}{37}$.

1202. $3\dfrac{11}{9} - \dfrac{8}{9} = 3\dfrac{3}{9}$ ou $3\dfrac{1}{3}$.

1203. $16\dfrac{10}{15}$ ou $16\dfrac{2}{3}$.

1204. $37\dfrac{3}{27}$ ou $37\dfrac{1}{9}$.

1205. $3\dfrac{11}{9} - 1\dfrac{8}{9} = 2\dfrac{1}{3}$.

1206. $16\dfrac{19}{15} - 1\dfrac{9}{15} = 15\dfrac{2}{3}$.

1207. $37\dfrac{29}{27} - 1\dfrac{26}{27} = 36\dfrac{1}{9}$.

1208. $7\dfrac{11}{7} - 3\dfrac{5}{7} = 4\dfrac{6}{7}$.

1209. $22\dfrac{21}{19} - 8\dfrac{7}{19} = 14\dfrac{14}{19}$.

1210. $170\dfrac{55}{38} - 49\dfrac{27}{38} = 121\dfrac{14}{19}.$

Expressions calculées.

1211. $1\dfrac{83}{63} - \dfrac{46}{63} = 1\dfrac{37}{63}$

1212. $21\dfrac{11}{15} - 7\dfrac{7}{15} = 14\dfrac{4}{15}.$

1213. $28\dfrac{86}{45} - 15\dfrac{34}{45} = 13\dfrac{52}{45} = 14\dfrac{7}{45}.$

1214. $56\dfrac{75}{140} - 13\dfrac{126}{140} = 42\dfrac{89}{140}.$

1215. $54\dfrac{326}{360} - 22\dfrac{195}{360} = 32\dfrac{131}{360}.$

PROBLÈMES SUR LA SOUSTRACTION.

1216. Les $\dfrac{3}{17}$ de l'ouvrage.

1217. Il s'en faut des $\dfrac{3}{5}$.

1218. Il manque $\dfrac{5}{7}$ de litre.

1219. Il s'en faudra des $\dfrac{13}{14}$ du bassin.

1220. Reste $= \dfrac{31}{34}.$

1221. Différence $= \dfrac{3}{5}$ de litre

1222. Excédant $= 3^{kg}\dfrac{5}{8}.$

1223 Reste $= 47$ mètres $\dfrac{1}{2}.$

1224. Longueur $= 81$ mètres $\frac{1}{2}$.

1225. Poids $= 20$ décag. $\frac{1}{10}$.

1226. L'autre a 12 ares $\frac{13}{15}$.

1227. Petit nombre $= 97 \frac{88}{105}$.

1228. Nouveau reste $= 5 \frac{41}{63}$.

1229. Il a perdu 3 heures $\frac{3}{4}$.

1230. Le 4e nombre est $37 \frac{43}{55}$.

PROBLÈMES SUR L'ADDITION ET LA SOUSTRACTION.

1231. $1 - \frac{6}{9} = \frac{1}{3}$ de l'ouvrage reste à faire.

1232. $1 - \frac{9}{15} = \frac{2}{5}$ de la pièce.

1233. $1 - \frac{53}{84} = \frac{31}{84}$ de mon avoir.

1234. La caisse vide pèse $5^{kg} \frac{2}{3}$.

1235. $14 \frac{2}{9} + \left(9 \frac{2}{3} - 7 \frac{1}{5} \right) = 16 \frac{31}{45}$.

1236. $17 \frac{2}{5} + 19 - 24 \frac{1}{4} = 12^{fr} \frac{3}{20}$.

1237. Il reste à emplir les $\left(1 - \frac{131}{150} \right) =$ les $\frac{19}{150}$ du bassin.

1238. La 1re contient encore $36^m \frac{3}{4}$ et la 2^e $35^m \frac{3}{5}$;

La 1re contient 1$^m \frac{3}{20}$ de plus que la 2e.

1239. Le 2e a fait les $\frac{5}{9}$ de son travail ; il a donc fait

de plus que le 1er $\left(\frac{5}{9} - \frac{2}{7} \right) = \frac{17}{63}$ d'un ouvrage.

1240. $\frac{8}{12} + \frac{9}{12} + \frac{7}{12} = \frac{24}{12}$ de litres ou 2 litres.

AVRIL

MULTIPLICATION DES FRACTIONS.

Exercices.

1241 $\frac{6}{7}$.

1242 $\frac{10}{19}$.

1243 $\frac{20}{11}$ ou $1 \frac{9}{11}$.

1244. $\frac{5}{8}$.

1245 $\frac{7}{2}$ ou $3 \frac{1}{2}$.

1246. $\frac{19}{3} = 6 \frac{1}{3}$.

1247. $\frac{13 \times 2}{3} = 8 \frac{2}{3}$.

1248. $\frac{37 \times 3}{7} = 15 \frac{6}{7}$.

1249. $\frac{229 \times 7}{12} = 133 \frac{7}{12}$.

1250. $\frac{20}{3}$ ou $6 \frac{2}{3}$.

1251. $172 \frac{2}{3}$.

1252. $129 \frac{6}{9}$ ou $129 \frac{2}{3}$.

1253. $23 \frac{5}{8}$.

1254. $137 \frac{1}{14}$.

1255. 917.

1256. 51.

1257. 92.

1258. 600

1259. $\dfrac{3}{10}$.

1260. $\dfrac{56}{135}$.

1261. $\dfrac{15}{133}$.

1262. $\dfrac{6}{17}$.

1263. $\dfrac{5}{82}$.

1264. $\dfrac{1}{11}$.

1265. $\dfrac{9}{28}$.

1266. $\dfrac{5}{116}$.

1267. $\dfrac{7}{388}$.

1268. $\dfrac{9}{28}$.

1269. $\dfrac{65 \times 14 \times 73}{7 \times 9} = 1054\,\dfrac{4}{9}$.

1270. $\dfrac{121 \times 49 \times 59}{7 \times 8 \times 2} = 3123\,\dfrac{35}{112}$.

PROBLÈMES.

1271. 3 francs.

1272. 9 francs.

1273. $\dfrac{6}{7} \times 28 = 24$ francs.

1274. 22 litres.

1275. $\dfrac{1}{2}$ ou la moitié du travail.

1276. 48 francs.

1277. 960 litres.

1278. 22 mètres $\dfrac{1}{2}$.

1279. Le produit augmenterait des $\dfrac{3}{5}$ de 37 soit $22\,\dfrac{1}{5}$.

1280. Le produit diminuerait des $\dfrac{5}{8}$ de $\dfrac{49}{2}$, soit $15\,\dfrac{5}{16}$.

1281. Reste $=$ les $\dfrac{7}{12}$ de $60\,000^{f}$, soit 35 000 francs.

1282. Perte $=$ le $\dfrac{1}{8}$ de 100^f, soit 12^{fr}, 50.

1283. 245 francs.

1284. 19 francs $\dfrac{1}{5}$ ou 19 francs, 20.

1285. Le 2e a 18^m $\dfrac{4}{9}$.

1286. 2 fois $\dfrac{1}{2}$ ce nombre.

1287. 2 $\dfrac{4}{5}$.

1288. 20 francs.

1289. Le tiers et demi d'un nombre vaut la moitié de ce nombre.

1290. 1° 50; 2° 12 $\dfrac{1}{2}$; 3° 19; 4° 10 $\dfrac{1}{4}$.

1291. 36 heures.

1292. 1° 1 litre d'air pèse $\dfrac{1}{770}$ de kg;

2° 1 litre d'hydrogène pèse $\dfrac{1}{11165}$ de kg;

3° 8 litres d'air pèsent $\dfrac{4}{385}$ de kg;

4° 25 litres d'hydrogène pèsent $\dfrac{5}{2233}$ de kg.

1293. 14^f,40.

1294. 35 minutes.

1295. $60'' \times 26 \times \dfrac{5}{6} = 1300$ secondes.

1296. $\dfrac{3 \times 2 \times 11}{11 \times 3 \times 19} = \dfrac{2}{19}$ du travail

1297. $2^f,25 \times \dfrac{42}{5} \times 6 = 113^f,40.$

1298. 154 francs.

1299. $3417^{m2} \dfrac{1}{7}$.

1300. $0^f,65 \times \dfrac{19}{2} \times \dfrac{13}{2} = 40^f,14$ environ.

ADDITION, SOUSTRACTION ET MULTIPLICATION.
PROBLÈMES.

1301. $84 \times \dfrac{5}{7} = 60$ francs.

1302. $0^f,53 + \dfrac{21}{63}$ de centime.

1303. $40^f + $ les $\dfrac{4}{5}$ de 40^f ou $\left(40^f \times 1\,\dfrac{4}{5}\right) = 72$ francs.

1304. $\dfrac{21}{5} \times 1\,\dfrac{7}{8} = 7$ Hg. $\dfrac{7}{8}$.

1305. Dépensé les $\dfrac{43}{77}$; restent les $\dfrac{34}{77}$.

1306. $\left(15 \times \dfrac{17}{5}\right) + \left(\dfrac{40}{12} \times 6\right) + \left(1\,\dfrac{2}{5} \times 15\right) =$
$= 51^f + 20^f + 21^f = 92$ francs.

1307. Elle a payé les $\dfrac{13}{15}$;

Elle redoit les $\dfrac{2}{15}$ de 780^f; soit 104 francs.

1308. Elle n'a perdu que le $\dfrac{1}{3}$ des $\dfrac{2}{5}$; soit les $\dfrac{2}{15}$ de 75^f,
ou 10^f; il lui reste 65^f.

1309. Elles ont à emplir les $\dfrac{5}{8}$ de 45000 litres, soit
28125 litres;

Elles donnent ensemble par heure 426 litres $\dfrac{13}{30}$. Quand elles auront coulé pendant 1 heure, elles devront encore

fournir $\left(28125 - 426\,\dfrac{13}{30}\right) = 27698$ litres $\dfrac{17}{30}$.

1310. Le 2ᵉ fait par heure $\dfrac{1}{7} - \dfrac{2}{15} = \dfrac{1}{105}$ de l'ouvrage

et doit recevoir pour 1 heure $\dfrac{21 \times 1}{105} = \dfrac{2}{5}$ de fr. ou $0^{\mathrm{f}},40$.

1311. $\dfrac{2}{3} + \dfrac{4}{5} = \dfrac{22}{15}$; Charles a $\left(45 \times 4 \times \dfrac{22}{15}\right) - 227$

$= 264 - 227 = 37$ billes.

1312. 1er reste $= \dfrac{5}{6}$;

2e reste $= \dfrac{3}{5}$ des $\dfrac{5}{6} = \dfrac{1}{2}$;

3e reste $= \dfrac{1}{7}$ de $\dfrac{1}{2}$ ou $\dfrac{1}{14}$

Si le $\dfrac{1}{14}$ de la pièce vaut 6 mètres, la pièce entière avait

$6 \times 14 = 84$ mètres.

1313. $20^{\mathrm{f}} - \left(4^{\mathrm{f}} + 6^{\mathrm{f}} + 10^{\mathrm{f}}\right) = 20 - 20 = 0$.

1314. $27^{\mathrm{f}} + 64^{\mathrm{f}} = 91$ francs.

1315. $11\,\dfrac{1}{4} \times \dfrac{8}{9} = 10$ heures.

1316. $150^{\mathrm{f}} + 125^{\mathrm{f}} + 35^{\mathrm{f}} = 310^{\mathrm{f}}$.

1317. $\left(6^{\mathrm{f}} \times \dfrac{237}{5}\right) \times \left(6^{\mathrm{f}} \times \dfrac{7}{6} \times \dfrac{49}{2}\right) = 284^{\mathrm{f}}\,\dfrac{2}{5} + 171^{\mathrm{f}}\,\dfrac{1}{2}$

$= 455^{\mathrm{f}}\,\dfrac{9}{10}$.

1318. $\left(\dfrac{4}{7} \times 19\right) + \left(\dfrac{4}{7} \times \dfrac{14}{11} \times \dfrac{22}{3}\right) = \left(10^{\mathrm{f}}\dfrac{6}{7} + 5^{\mathrm{f}}\dfrac{1}{3}\right)$

$= 16^{\mathrm{f}}\,\dfrac{4}{21}$.

1319. $\left(\dfrac{14 + 15}{2} \times 43\right) \times \dfrac{4}{5} = 498^{\mathrm{f}}\,\dfrac{4}{5}$ ou $498^{\mathrm{f}},80$.

1520. $\left(2^f \times \dfrac{45}{3}\right) + \left(1^f \times \dfrac{45 \times 2}{3}\right) = 30^f + 30^f = 60^f.$

Elle redevra $60^f \times \dfrac{5}{8} = 37^f \dfrac{1}{2}$ ou $37^f,50$

1521. Je redois les $\dfrac{4}{45}$ de 4770^f, soit 424 francs.

1522. 1er reste $= \dfrac{4}{9}$ de la somme ;

2e reste $= \dfrac{2}{5}$ des $\dfrac{4}{9} = \dfrac{8}{45}$ de $5760^f = 1024^f.$

1523. $3^f \times 45 = 135^f; 135^f - 30^f = 105^f;$

Je redevrai $105^f \times \dfrac{4}{7} = 60$ francs.

1524. 1° $4^f - \dfrac{28^f}{9} = \dfrac{8}{9}$ de fr. de bénéfice par mètre ;

2° $\dfrac{8}{9} \times 27 = 24^f$ de bénéfice sur 27 mètres ;

3° $\dfrac{8}{9} \times 12 = 10^f \dfrac{2}{3}$ sur 12 mètres ;

4_o $\dfrac{8}{9} \times \dfrac{177}{5} = 31^f \dfrac{7}{15}$ sur 35 mètres $\dfrac{2}{15}.$

1525. $\left(\dfrac{27}{4} - \dfrac{31}{5}\right) \times 25 = 13^f \dfrac{3}{4}$ ou $13^f,75.$

1526. Il faut la multiplier par $1 + \dfrac{1}{3}$ ou $\dfrac{4}{3}.$

1527. $\dfrac{187}{5} \times 9 = 336$ litres $\dfrac{3}{5}$ en 9 demi-minutes ;

$\dfrac{187}{5} \times 120 = 4488$ litres par heure.

1528. $5 \dfrac{3}{4} = 1 + 4 \dfrac{3}{4}$; le nombre augmentera de

$\left(74 \dfrac{1}{5} \times 4 \dfrac{3}{4}\right) = 352 \dfrac{9}{20}.$

1529. $120^f \times \left(1 + \dfrac{3}{8}\right) = 120^f \times \dfrac{11}{8} = 165$ francs.

1530. Bénéfice $\left(\dfrac{9}{7} - \dfrac{6}{5}\right) \times 350 = 30$ francs.

Reste $30^f \times \dfrac{3}{5} = 18$ francs.

1531. Il diminue de ses $\dfrac{8}{15}$.

1532. $38 \times \left(\dfrac{5}{7} - \dfrac{4}{9}\right) = 38 \times \dfrac{17}{63} = 10\,\dfrac{16}{63}$.

1533. $\left(8\,\dfrac{2}{5} - 3\,\dfrac{1}{9}\right) + 7 = 5\,\dfrac{13}{45} \times 7 = 37\,\dfrac{1}{45}$.

1534. $450^f \times \left(8\,\dfrac{1}{2} - 4\,\dfrac{3}{5}\right) = 450^f \times \dfrac{39}{10} = 1755$ fr.

1535. $14^f \times \dfrac{5}{42} \times \dfrac{15}{2} = 12^f\,\dfrac{1}{2}$ ou $12^f,50$.

1536. $75^f\,\dfrac{3}{5} - 19^f = 56^f\,\dfrac{3}{5}$ ou $56^f,60$.

1537. $22^f \times 18 \times \dfrac{16}{19} = 333^f\,\dfrac{9}{19}$ ou $333^f,45$ environ.

1538. $8^f \times \dfrac{1}{5} \times \dfrac{91}{2} = 72^f\,\dfrac{4}{5}$ ou $72^f,80$.

1539. $4^f \times \dfrac{33}{35} \times 25 \times 35 = 3300$ francs.

1540. $\left(\dfrac{48}{15} \times \dfrac{96}{100}\right) - \dfrac{12}{5} = 3^f\,\dfrac{9}{125} - 2^f\,\dfrac{2}{5} = \dfrac{84}{125}$ de franc ou $0^f,672$ de bénéfice par litre.

1541. $440^f \times \left(1\,\dfrac{3}{8} \times 1\,\dfrac{2}{5}\right) = 847$ francs.

1542. Le produit est multiplié par $\left(\dfrac{17}{5} \times \dfrac{13}{3}\right)$ ou $14\,\dfrac{11}{15}$.

1543. La 1re a eu 720 fr. ; la 2e 630 fr. et la 3e 750 fr.

Somme partagée 2100 francs.

1344. $9^f \times \left(80 - 27\,\dfrac{3}{20}\right) = 9^f \times \dfrac{10\,57}{20} = 475^f\,\dfrac{13}{20}$ ou $475^f,65$.

1345. Quand le premier aura fait $10^m\,\dfrac{2}{7}$, le 2e aura fait $10^m\,\dfrac{2}{7} \times \dfrac{5}{6}$; soit ensemble $\left(10\,\dfrac{2}{7} \times 1\,\dfrac{5}{6}\right) = \dfrac{132}{7}$ de mètre.

On déboursera $\dfrac{21 \times 132}{8 \times 7} = 49^f\,\dfrac{1}{2}$ ou $49^f,50$.

DIVISION DES FRACTIONS

Exercices :

1346. $\dfrac{2}{9}$.

1347. $\dfrac{5}{17}$.

1348. $\dfrac{3}{31}$.

1349. $\dfrac{5}{36}$

1350 $\dfrac{8}{51}$.

1351. $\dfrac{25}{296}$.

1352. 15.

1353. 56.

1354. 203.

1355. 21.

1356. 35.

1357. 44.

1358. $43\,\dfrac{1}{5}$.

1359. $66\,\dfrac{3}{7}$.

1360. $1144\,\dfrac{3}{4}$.

1361. $\dfrac{13}{9}$ ou $1\,\dfrac{4}{9}$.

1362. $2\,\dfrac{11}{63}$.

1363. $43\,\dfrac{4}{153}$.

1364. 12.

1365. 14.

1366. 20.

1367. $3\,\dfrac{1}{15}$.

1368. $7\,\dfrac{17}{41}$.

1369. $35\,\dfrac{5}{212}$.

1370. 1.

1371. $1\frac{2}{5}$.

1372. $1\frac{7}{11}$.

1373. 1.

1374. $\frac{17}{72}$.

1375. $\frac{10}{39}$.

1376. $\frac{336}{671}$

1377. $3\frac{1}{84}$.

1378. $\frac{1}{4}$.

1379. 1.

1380. $9\frac{4}{5}$.

1381. $23\frac{26}{33}$.

1382. $12\frac{6}{7}$.

1383. $64\frac{7}{8}$.

1384. $14\frac{229}{304}$.

1385. $2\frac{244}{469}$.

1386. $\frac{44}{315}$.

1387. 1.

1388. $\frac{21}{45}$.

1389. $1\frac{7}{11}$.

1390. $\frac{16}{455}$.

PROBLÈMES

1391. Les $\frac{3}{19}$ de l'ouvrage.

1392. $\frac{1}{7} : 3 = \frac{1}{21}$ du travail.

1393. Chaque payement valait les $\frac{2}{31}$ de la dette.

1394. $\frac{1}{5}$ de mètre vaut $8^f : 4 = 2$ fr.

$\frac{3}{5}$ de mètre valent $2^f \times 3 = 6$ fr.

Un mètre vaut $2^f \times 5 = 10^f$, et 14 m. valent 140 fr.

1395. Pour un *huitième* $27^f : 3 = 9^f$;

Pour $\frac{8}{8}$ ou l'ouvrage entier $9^f \times 8 = 72$ fr.

1396. Un quinzième vaut $\frac{2^h}{3}$ et $\frac{15}{15}$ valent $\frac{2 \times 15}{3} = 10$ h.

1397. 3330 francs.

1398. $900 : 3\frac{1}{3} = 270$ francs.

1399. $348^f : 1\frac{1}{5} = 290$ francs.

1400. $72^f : \frac{3}{5} = 120$ francs.

1401. $675^f = $ Prix d'achat $\times \frac{9}{7}$;

Prix d'achat $= 675^f : \frac{9}{7} = 525$ francs.

1402. 2 k. $\frac{23}{32}$.

1403. $\frac{124}{125}$ de kilogramme.

1404. $2\frac{2}{21}$

1405. Pour 1^f, on a $1^m : \frac{4}{5} = \frac{5}{4}$ de mètre:

Pour 32^f on a $\frac{5}{4} \times 32 = 40$ mètres.

1406. 32 kilogrammes d'huile.

1407. Chaque partie vaut $5\frac{7}{12}$.

1408. $84^f : \frac{7}{11} = 132$ francs.

1409. $98 : 4\frac{2}{3} = 21$ francs.

1410. 16 coupons.

1411. $\dfrac{2}{15} : \dfrac{5}{9} = \dfrac{6}{25}$. (Quantité de travail divisée par le nombre d'heures).

1412. $32\,\dfrac{4}{55}$.

1413. $5\,\dfrac{1}{7}$ pour l'autre nombre.

1414. $45^{\mathrm{f}} : \dfrac{15}{2} = 6$ francs par jour.

1415. 1° $30\,\dfrac{2}{9} : 8 = 3\ \mathrm{m}\ \dfrac{7}{9}$ par heure ensemble;

2° Chacun a fait par heure $\dfrac{34}{45}$ de mètre.

1416. 1° Chacun a fait $\dfrac{249}{2} : 7 = 17\ \mathrm{m}\ \dfrac{11}{14}$ en 9 h. $\dfrac{1}{4}$;

2° Chacun a fait par heure $\dfrac{249}{14} : \dfrac{37}{4} = 1\ \mathrm{m}\ \dfrac{239}{259}$.

1417. Le 2° reçoit 5^{f} pour un travail égal aux $\dfrac{5}{7}$ de celui que fait le 1er; pour un travail égal, il recevrait $5^{\mathrm{f}} : \dfrac{5}{7} = 7$ francs; il gagne donc plus que l'autre.

1418. 144 minutes ou 2 heures 24 minutes.

1419. 86280 l. valent les $\dfrac{8}{11}$ de la capacité du bassin, ou cette capacité $\times \dfrac{8}{11}$;

Capacité $= 86280\,\mathrm{l} : \dfrac{8}{11} = 118635$ litres.

1420. Le nombre est *augmenté* de son $\dfrac{1}{5}$; donc 10 unités valent le $\dfrac{1}{5}$ de ce nombre qui est $10 : \dfrac{1}{5} = 50$.

1421. Mon avoir serait *augmenté* de son double et de son $\frac{1}{4}$, soit de 225^f;

Mon avoir est 225^f : $2\frac{1}{4} = 100$ francs.

1422. 25 litres $\frac{5}{7}$ représentent les $\frac{4}{7}$ de la contenance du fût;

Contenance $= 25\frac{5}{7} : \frac{4}{7} = 45$ litres.

1423. 385^m représentent la longueur de la grande corde augmentée de ses $\frac{17}{18}$, soit cette longueur $\times 1\frac{17}{18}$;

Longueur de la grande corde $= 385^m : \frac{35}{18} = 198$ mètres;

Longueur de la petite $= 198^m \times \frac{17}{18} = 187$ mètres.

1424. 96^f représentent les $\frac{3}{8}$ de la part d'Émile ou cette part $\times \frac{3}{8}$;

Part d'Émile $= 96^f : \frac{3}{8} = 256$ francs.

1425. 100$^f \times \frac{3}{5} = 60^f$ représente la part d'Auguste $\times \frac{4}{15}$;

Part d'Auguste 60$^f : \frac{4}{15} = 16$ francs.

ADDITION, SOUSTRACTION, MULTIPLICATION ET DIVISION

Exercices:

1426. $\left(41 \cdot \dfrac{19}{45} - 12 \dfrac{1}{5}\right) = 29 \dfrac{2}{9}.$

1427. $\left(1 \dfrac{5}{28} \times 6 \dfrac{2}{5}\right) = 7 \dfrac{19}{35}.$

1428. $\left(\dfrac{83}{3} : \dfrac{11}{3}\right) = 7 \dfrac{6}{11}.$

1429. $(49 \times 12) = 588.$

1430. $\left(84 \dfrac{3}{11} : \dfrac{15}{28}\right) = 1730 \dfrac{2}{5}.$

PROBLÈMES

1431. $42 : \dfrac{14}{45} = 135.$

1432. $4732 : \dfrac{676}{693} = 4851$ francs.

1433. $336 : \dfrac{1}{84} = 28224.$

1434. Julien a eu les $\dfrac{5}{9}$ du nombre des cerises partagées, ou ce nombre $\times \dfrac{5}{9}$;

Nombre total de cerises $25 : \dfrac{5}{9} = 45.$

1435. $96^{\text{f}} = $ Mon avoir $\times \dfrac{8}{15}$;

Je possède $96^{\text{f}} : \dfrac{8}{15} = 180$ francs.

1436. $\left(\text{Nombre} \times \dfrac{1}{4}\right) - \left(\text{Nombre} \times \dfrac{1}{5}\right) = 7;$

$$\text{Nombre} \times \left(\frac{1}{4} - \frac{1}{5}\right) \text{ ou } N \times \frac{1}{20} = 7.$$

$$\text{Nombre} = 7 : \frac{1}{20} = 140.$$

1437. Georges a fait de plus qu'Auguste les $\frac{10}{63}$ du travail ;

Le prix du travail $\times \frac{10}{63} = 40^f$;

Prix promis $40^f : \frac{10}{63} = 252$ francs.

1438. Différence $\frac{8}{19} - \frac{5}{14} = \frac{17}{276}$ du nombre total de noix ;

Nombre total $17 : \frac{17}{276} = 276$ noix.

1439. $\frac{1}{9}$ du travail de François est payé 6 fr.

François a gagné $6^f : \frac{1}{9}$ ou $6^f \times 9 = 54$ francs.

1440. $7820 : \left(\frac{3}{4} + \frac{2}{5}\right) = 7820 : \frac{23}{20} = 6800$ secondes.

1441. $\frac{2}{7} + \frac{2}{9} = \frac{32}{63}$ du bassin en 1 heure ; c'est-à-dire $\frac{1}{63}$ en $\frac{1}{32}$ d'heure, et $\frac{63}{63}$ en $\frac{63}{32}$ d'heure ou 1 heure $\frac{31}{32}$.

1442. $\frac{1}{14} + \frac{1}{12} + \frac{1}{15} = \frac{93}{420}$ du bassin par heure ;

$1 : \frac{93}{420} = \frac{430}{93}$ d'heure ou 4 heures $\frac{40}{93}$.

1443. Le double de la plus grande vaut $\frac{29 + 1}{35} = \frac{30}{35}$ ou $\frac{6}{7}$.

La plus grande est $\dfrac{6}{7} : 2 = \dfrac{3}{7}$;

L'autre est $\dfrac{3}{7} - \dfrac{1}{35} = \dfrac{14}{35} = \dfrac{2}{5}$.

1444. Le double de la plus grande vaut $12\,\dfrac{1}{4} + 2\,\dfrac{3}{7} = 20\,\dfrac{19}{28}$.

La plus grande est $10\,\dfrac{19}{56}$;

L'autre est $10\,\dfrac{19}{56} - 2\,\dfrac{24}{56} = 7\,\dfrac{51}{56}$.

1445. La différence $\dfrac{2}{17} =$ la plus grande fraction *diminuée* de ses $\dfrac{2}{3}$.

La grande fraction est donc $\dfrac{2}{17} \times 3 = \dfrac{6}{17}$ et la petite $\dfrac{6}{17} \times \dfrac{2}{3} = \dfrac{4}{17}$.

1446. La grande fraction est $\dfrac{4}{19} : \dfrac{7}{9} = \dfrac{36}{133}$.

La différence égalant les $\dfrac{7}{9}$ de cette fraction, la quantité retranchée en est les $\dfrac{2}{9}$, soit $\dfrac{36}{133} \times \dfrac{2}{9} = \dfrac{8}{133}$.

1447. 32 fr. représentent les $\dfrac{8}{11}$ de la part d'Auguste.

Auguste a donc $32^f : \dfrac{8}{11} = 44^f$, et Charles 12 francs.

1448. $367\,\dfrac{1}{5} : 3\,\dfrac{2}{5} = 540$ arbres.

1449. L'une ayant une certaine somme, l'autre aura cette même somme $\times \dfrac{2}{7}$.

Total des deux parts $=$ part de la $1^{re} \times 1\frac{2}{7}$.

La 1re aura $9^f : \frac{9}{7} = 7$ francs ; l'autre $7^f \times \frac{2}{7} = 2$ francs.

1450. 65 noix $= \left(1^{re} \text{ part} + 1^{re} \times \frac{5}{8}\right)$ ou $\left(1^{re} \times 1\frac{5}{8}\right)$;

1re part $= 65 : \frac{13}{8} = 40$ noix ;

2e part $= 40 \times \frac{5}{8} = 25$ noix.

1451. 102^f part du $1^{er} \times 1\frac{8}{9}$;

Le 1er doit prendre $102^f : \frac{17}{9} = 54$ francs et le 2e 54^f

$\times \frac{8}{9} = 48$ francs.

1452. 7^f est le prix de $\left(4\frac{1}{5} - 3\frac{1}{2}\right) = \frac{7}{10}$ de mètre ;

Prix du mètre $7^f : \frac{7}{10} = 10$ francs.

1453. Bénéfice par mètre $\frac{5}{7} - \frac{8}{13} = \frac{9}{91}$ de francs.

Nombre de mètres $9 : \frac{9}{91} = 91$.

1454. $9\frac{1}{3} = 1^{er} \times 1\frac{1}{3}$;

Le 1er nombre est $9\frac{1}{3} : \frac{4}{3} = 7$; l'autre est $7 \times \frac{1}{3} = 2\frac{1}{3}$.

1455. Le nombre $\times \left(\frac{1}{3} + \frac{1}{4} - \frac{1}{7}\right)$ ou le nombre

$\times \frac{37}{84} = 333$;

Nombre cherché $= 333 : \frac{37}{84} = 756$.

1456. $154^f = $ les $\frac{11}{14}$ de mon avoir primitif ;

Je possédais $154^f : \frac{11}{14} = 196$ francs.

1457. Les 2 premières ont eu ensemble $\left(\frac{1}{4} + \frac{2}{5}\right) = \frac{13}{20}$ de la somme ; les $\frac{7}{20}$ restant valent 84 fr.

Somme partagée $= 84^f : \frac{7}{20} = 240$ francs.

1458. Un mètre de la 1re et un mètre de la 2e valent ensemble $\frac{38}{7} + \frac{29}{5} = \frac{393}{35}$ de francs ;

Somme à payer $\frac{393}{35} \times 12 = 134$ fr. $\frac{26}{35}$.

1459. Prix d'achat $\left(\frac{63}{5} \times 14\right) + \left(\frac{43}{3} \times 18\right) = 176^f \frac{2}{5} + 258^f = 434^f \frac{2}{5}$;

Bénéfice $460^f - 434^f \frac{2}{5} = 25^f \frac{3}{5}$.

1460. Cette personne doit encore les $\frac{3}{8}$ de 7320^f ou $7320^f \times \frac{3}{8} = 2745$ francs.

Chaque payement sera de $2745^f : 5 = 549^f$.

1461. 1 décim. cube de sucre pèse 1 kg $\frac{3}{5}$;

1 kg. est le poids de 1 dm³ $: 1\frac{3}{5} = \frac{5}{8}$ de décim. cube de sucre.

1462. Le produit est multiplié par $\left(5 \times 2\frac{1}{4}\right)$ ou $11\frac{1}{4}$.

1463. Le nouveau produit sera $27\,\dfrac{3}{8} \times \dfrac{8}{9} = 24\,\dfrac{1}{3}$.

1464. 1ᵉʳ produit obtenu $\times\,\dfrac{4}{6} = 20\,\dfrac{4}{5}$;

1ᵉʳ produit obtenu $= 20\,\dfrac{4}{5} : \dfrac{4}{6} = 31\,\dfrac{1}{5}$.

1465. $1^{\mathrm{f}}\,\dfrac{3}{5} \times 5\,\dfrac{3}{4} \times 25 = 230$ francs.

1466. Dividende $= 5 \times 14\,\dfrac{1}{9} = 70\,\dfrac{5}{9}$.

1467. $\dfrac{55}{57}$ de litre reviennent à 3 francs ;

Prix du litre $3^{\mathrm{f}} : \dfrac{55}{57} = 3^{\mathrm{f}}\,\dfrac{6}{55}$ ou $3^{\mathrm{f}},10$ environ.

1468. Il vendra ce blé les $\dfrac{17}{15}$ du prix qu'il lui coûte ;

il donnera donc pour 22 francs les $\dfrac{15}{17}$ d'un hectolitre ;

puisque $\dfrac{15}{17} \times \dfrac{17}{15} = 1$, c'est-à-dire que la compensation

est établie.

1469. La 2ᵉ a eu $\left(27 \times \dfrac{2}{9}\right) + 15 = 6 + 15 = 21$ prunes ;

La 3ᵉ en a eu $\left(21 \times \dfrac{5}{7}\right) + 7 = 15 + 7 = 22$.

Total des prunes partagées $27 + 21 + 22 = 70$.

1470. Jules a eu $42 : \dfrac{7}{8} = 48$ francs ;

Auguste a reçu $48 : \dfrac{6}{11} = 88$ francs ;

1471. Part du 2ᵉ $\left(1500 \times \dfrac{5}{6}\right) + 50 = 1300$ francs ;

Part du 3ᵉ $(1500 + 1300) - 710 = 2090$ fr. ;

Part du 4ᵉ 2090 : $\dfrac{3}{5}$ = 1254 francs ;

Valeur totale de l'héritage = 6144 francs.

1472. Ils font ensemble en 1 jour $\dfrac{1}{5} + \dfrac{1}{6} = \dfrac{11}{30}$ de l'ouvrage ;

$\dfrac{1}{30}$ sera fait en $\dfrac{1}{11}$ de jour ; $\dfrac{30}{30}$ en $\dfrac{30}{11}$ de jour ou 2 jours $\dfrac{8}{11}$.

1473. Il reste à faire les $\dfrac{3}{8}$ du travail ; les deux ouvriers en font chaque jour en semble $\left(\dfrac{1}{8} + \dfrac{1}{9}\right) = \dfrac{17}{72}$.

L'ouvrage sera achevé en $\dfrac{3}{8} : \dfrac{17}{72} = 1$ jour $\dfrac{10}{17}$.

1474. 1° $\dfrac{3}{4} + \dfrac{4}{5} - 1\,\dfrac{1}{10} = \dfrac{9}{20}$ de franc ;

2° 27 : $\dfrac{9}{20} = 60$ mètres pour chaque pièce.

3° 60 m. $\times$ 3 = 180 mètres pour les trois pièces.

1475. $\dfrac{1}{4} + \dfrac{1}{6} - \dfrac{1}{15} = \dfrac{21}{60}$ de la fontaine en une heure ;

$\dfrac{1}{60}$ sera rempli en $\dfrac{1}{21}$ d'heure ; et les $\dfrac{6}{60}$ en $\dfrac{60}{21}$ d'heure ou 2 heures $\dfrac{3}{10}$.

1476. Les deux premiers ont eu ensemble $\left(\dfrac{2}{7} + \dfrac{3}{11}\right) = \dfrac{43}{77}$ du nombre total de cerises ;

Le 3ᵉ a donc eu $\dfrac{77 - 43}{77} = \dfrac{34}{77}$ de ce nombre ;

Nombre total de cerises $34 : \dfrac{34}{77} = 77$;

Le 1er a eu $77 \times \dfrac{2}{7} = 22$ cerises, et le 2^{e} $77 \times \dfrac{3}{11} = 21$.

1477. Auguste a $\left(132 \times \dfrac{1}{6}\right) + 2 = 24$ billes ;

Victor a $\left(24 \times \dfrac{3}{2}\right) + 1 = 37$ billes ; Paul a $37 \times \dfrac{51}{37}$

$= 51$ billes, et Lucien $\left(51 \times \dfrac{1}{3}\right) + 3 = 20$ billes.

1478. Les 2 premiers ont ensemble les $\dfrac{3}{8} + \left(\dfrac{3}{8} + \dfrac{8}{9}\right)$

$= \dfrac{3}{8} + \dfrac{1}{3} =$ les $\dfrac{17}{24}$ du nombre total ;

Les 21 bons points de Frédéric représentent les $\dfrac{7}{24}$ de

ce nombre qui est $21 : \dfrac{7}{24} = 72$ bons points.

Eugène a eu $72 \times \dfrac{3}{8} = 27$ bons points et Gustave en

a eu $27 + \dfrac{8}{9} = 24$.

1479. Les 22600 fr. représentent les $\left(\dfrac{5}{12} + \dfrac{3}{11} + \dfrac{1}{6}\right)$

$=$ les $\dfrac{113}{132}$ de la fortune primitive qui s'élevait à

$22600 : \dfrac{113}{132} = 26\,400$ francs.

1480. La part de Julien vaut les $\dfrac{3}{4}$ de celle de Paul, et

celle d'André vaut les $\dfrac{5}{6}$ de celle de Julien ou les $\dfrac{3}{4} \times \dfrac{5}{6}$

$=$ les $\dfrac{5}{8}$ de la part de Paul ;

Total $1 + \dfrac{3}{4} + \dfrac{5}{8} = \dfrac{8+6+5}{8} = \dfrac{19}{8}$ de la part de Paul $= 111$ fr.

Part de Paul $= 171^{f} : \dfrac{19}{8} = 72$ francs ;

Part de Julien $72^{f} \times \dfrac{3}{4} = 54$ francs ;

Part d'André $54^{f} \times \dfrac{5}{6} = 45$ francs.

CONVERSION DES FRACTIONS ORDINAIRES EN FRACTIONS DÉCIMALES.

Exercices.

1481. 1er *groupe.* $\dfrac{3}{5} = 0,6$; $\dfrac{8}{10} = 0,8$; $\dfrac{1}{25} = 0,04$; $\dfrac{21}{70} = 0,3$; $\dfrac{7}{100} = 0,07$.

2e *groupe.* $\dfrac{1}{2} = 0,5$; $\dfrac{1}{4} = 0,25$; $\dfrac{2}{25} = 0,08$; $\dfrac{1}{50} = 0,02$; $\dfrac{3}{4} = 0,75$.

3e *groupe.* $\dfrac{3}{20} = 0,15$; $\dfrac{18}{25} = 0,72$; $\dfrac{19}{50} = 0,38$; $\dfrac{19}{125} = 0,152$; $\dfrac{169}{200} = 0,845$.

4^e *groupe.* $\dfrac{3}{8} = 0,375$; $\dfrac{5}{37} = 0,135135\ldots$; $\dfrac{85}{170} = 0,5$; $\dfrac{19}{55} = 0,34545\ldots$; $\dfrac{58}{83} = 0,6987$.

5^e *groupe.* 1° $\dfrac{7}{6}$ ou $1,166$; 2° $\dfrac{16}{5}$ ou $3,2$.

1482. $0,54 = \dfrac{54}{100}$ ou $\dfrac{27}{50}$; $0,365 = \dfrac{365}{1000}$ ou $\dfrac{73}{200}$;

$0,414 = \dfrac{414}{1000}$ ou $\dfrac{207}{500}$; $0,30 = \dfrac{3}{10}$.

1483. $\dfrac{3}{7}$ de m. $= 0$ m, 428. ; 6 m $\times \dfrac{5}{8} = 3^{m},75$;

100 m $\times \dfrac{2}{9} \times \dfrac{15}{26} = 12$ mètres, 82.

1484. 1re part $9 \times \dfrac{5}{12} = 3^{f},75$; 2e part $9 \times \dfrac{1}{2} = 4^{f},50$;

3e part $9^{f} - (3^{f},75 + 4^{f},50) = (9^{f} - 8^{f},25) = 0^{f},75$.

1485. Dépensé $\dfrac{2}{5} + \dfrac{3}{8} + \dfrac{1}{12} = \dfrac{103}{120}$; reste $\dfrac{17}{120}$;

Reste $876 \times \dfrac{17}{120} = 124^{f},10$.

1486. $0,9 : 6 = 0,15$ de la dette.

1487. $22 : 7 = 3,142$.

1488. $3\dfrac{4}{5} \times 12 \times 8 = 556^{f},80$ les 8 douzaines.

1489. $42 : \dfrac{6}{8} = 56$ tabliers.

1490. $1 - \dfrac{2}{5} - \dfrac{1}{4} + \dfrac{3}{8} = \dfrac{29}{40}$;

Reste $\dfrac{7440 \times 29}{40} = 5394$ fr.

MAI

RÈGLE DE TROIS.

1491. Expressions calculées :
1er *groupe* 1° 105 francs; 2° 43 mètres, 75.
2e *groupe* 1° 113 litres, 75; 2° 9 grammes.

3e *groupe* 1° $\dfrac{1}{32}$ de fr. ou 0^f,0312; 2° 3 litres, 125.

1492. $84^f \times \dfrac{5}{7} = 60$ francs.

1493. $230^f \times \dfrac{219}{230} = 219$ litres.

1494. $960^f \times \dfrac{5}{6} = 800$ francs.

1495. $63^f \times \dfrac{5}{9} = 35$ francs.

1496. $96^f \times \dfrac{7}{8} = 84$ francs pour 7 mètres.

1497. $90^f \times \dfrac{9}{15} = 54$ fr. pour 9 journées.

1498. $19^f,50 \times \dfrac{5}{6} = 16^f,25$ en 5 jours, et le double ou $32^f,50$ en 10 jours.

1499. $272^f \times \dfrac{11}{16} = 187$ francs pour 11 mesures.

1500. $141 \times \dfrac{12}{3} = 141 \times 4 = 564$ kilomètres.

1501. $4 \times \dfrac{243}{9} = 108$ litres de vin.

1502. $108 \times \dfrac{18}{12} = 162$ kilogrammes.

1503. $210 \times \dfrac{14}{15} = 196$ mètres cubes.

1504. $3,25 \times \dfrac{11}{5} = 7^f,15$ par journée.

1505. $8,5 \times \dfrac{9,6}{3,4} = 24$ francs.

1506. $14^f,80$ pour $18^m,50$.

1507. $4^f \times 16 = 64$ francs.

1508 $16 \times \left(15 : \dfrac{3}{4} \right) = 320$ tours.

1509. $31^f,50$ pour les 27 litres.

1510. $126^f,875$ ou $126^f,90$.

1511. 663 francs.

1512. 18 mètres $\dfrac{3}{4}$ ou 18 mètres, 75.

1513. Pour 1 heure $0^f,12 : \dfrac{5}{6}$;

Pour 4 heures $0^f,12 : \dfrac{5}{6} \times 4 = 0^f,576$.

1514. 702 francs les 9 douzaines.

1515. $90 \times \dfrac{6}{5} = 108$ gaufres.

1516. $120 \times \dfrac{60}{14} = 514$ mètres $\dfrac{2}{7}$.

1517. 1° $117,45 \times \dfrac{30}{27} = 130^f,50$;

2° $130,50 \times \dfrac{5}{3} = 217^f,50$.

1518. $80^m \times \dfrac{14}{12} \times \dfrac{9}{10} = 84$ mètres

1519. $210^f \times \dfrac{11}{8} \times \dfrac{80}{75} = 308$ francs.

1520. $80^{m} \times \dfrac{5}{9} \times \dfrac{10}{8} \times \dfrac{6}{10} \times \dfrac{5}{6} \times \dfrac{3}{4} = 20^{m} \dfrac{5}{6}$ ou $20^{m},833\ldots$

1521. $420^{f} \times \dfrac{5}{8} \times \dfrac{25}{20} \times \dfrac{8}{10} = 262^{f},50.$

1522. $\left(1^{f},10 \times \dfrac{84}{12}\right) + \left(14^{l},40 \times \dfrac{29}{8}\right) = 7^{f},70 + 52^{f},20 = 59^{f},90.$

1523. $21^{kg} \times \dfrac{135 \times 28}{25} = 3175^{kg},2$ de farine.

Valeur $24^{f},50 \times 31,752 = 777^{f},924.$

1524. Prix du litre $225^{f} : 228 = 0^{f},987$ environ.

Prix des 95 bouteilles $225^{f} \times \dfrac{0,75 \times 95}{228} = 70^{f},31.$

1525. $2^{f},50 : \dfrac{3}{4} \times \dfrac{2}{3} \times \dfrac{25}{20} = \dfrac{25}{9}$ de fr. ou $2^{f},777\ldots$

1526 $217^{f},50 : \dfrac{15}{2} \times \dfrac{28}{3} : \dfrac{29}{4} \times \dfrac{21}{2} \times \dfrac{8}{10} = 313^{f},60.$

1527. $\left(\dfrac{9}{2} : \dfrac{5}{2} \times 7 \times \dfrac{5}{4}\right) : 2 = 7$ pains $\dfrac{7}{8}$ ou 7 pains de deux kilogrammes $+ 1^{kg},75.$

1528. Le nombre d'ouvriers n'étant plus que les $\dfrac{3}{4}$ du précédent, le nombre de jours nécessaires $=$ les $\dfrac{4}{3}$ de 12 ; soit $12 \times \dfrac{4}{3} = 16$ j.

1529. 18 j. $\times \dfrac{7}{6} = 21$ jours ; soit 3 jours de plus, ou $\dfrac{1}{6}$ de $= 18$ j.

1530. $1^{h} \times \dfrac{3}{4} = \dfrac{3}{4}$ d'heure ou 45 minutes.

1531. $9^{h} \times \dfrac{5}{-} = 15$ heures.

1532. L'activité totale sera égale aux $\dfrac{11}{6}$ de celle du 1er ouvrier engagé;

Le nombre de jours nécessaires sera de $8 \times \dfrac{6}{11} = 4\dfrac{4}{11}.$

1533. $40 \times \dfrac{2}{1,6} = 50$ rectangles.

1534. Au lieu d'employer 7 jours à faire le reste, il n'emploiera que $7\,\text{j.} \times \dfrac{5}{7} = 5$ jours;

L'ouvrage entier aura donc été fait en $3 + 5 = 8$ jours.

1535. $15 \times \dfrac{18}{20} \times \dfrac{60}{50} = 16$ rouleaux $\dfrac{1}{5}$ ou 16 rouleaux $+\ 4$ mètres.

1536. $7\,\text{j.} \times \dfrac{9}{11} = 5$ jours $\dfrac{8}{11}.$

1537. $12\,\text{j} \times \dfrac{15}{10} \times \dfrac{7}{6} = 21$ jours.

1538. La ration sera de $15^{cl} \times \dfrac{18}{26}$;

Elle sera donc diminuée de ses $\dfrac{8}{26}$ ou de $15 \times \dfrac{4}{13} = 4^{cl},61$ environ.

1539. $15^{j} \times \dfrac{8}{9} \times \dfrac{10}{12} = 11$ jours $\dfrac{1}{9}.$

1540. $11^{h} \times \dfrac{9}{7} \times \dfrac{14}{12} \times \dfrac{250}{528} = 7$ heures $\dfrac{13}{16}.$

1540 *bis.* $8^{j} \times \dfrac{16}{6} \times \dfrac{9}{8} \times \dfrac{12}{10} \times \dfrac{50}{260} = 5$ jours $\dfrac{7}{13}.$

RÈGLE D'INTÉRÊT.

Recherche de l'intérêt.

1541. $5 \times 4 = 20$ francs.

1542. $4 \times 6 = 24$ francs.

1543. $6 \times 18 = 108$ francs.

1544. $3 \times 24,5 = 73^f,50$.

1545. $5 \times 38,75 = 193^f,75$.

1546. $3 \times 3,805 = 11^f,415$.

1547. $4,75 \times 54 = 256^f,50$.

1548. $3,25 \times 43,805 = 152^f,36$

1549. 1° $5 \times 6 = 30^f$;

2° $30^f \times 4 = 120$ fr.

1550. 1° $4 \times 78,5 = 314^f$;

2° $314^f : 12 = 26^f,166$;

$$3° \ 314^f \times \frac{7}{12} = 183^f,166\ldots$$

1551. $4 \times 63 \times \frac{8}{12} = 168$ francs.

1552. $5 \times 54,8 \times \frac{18}{12} = 411$ francs.

1553. $6 \times 3,855 \times 3,5 = 81^f,951$.

1554. 1° $4,5 \times 90 = 405^{fr}$;

2° $405 : 360 = 1^f,125$;　3° $1^f,125 \times 80 = 90$ francs.

1555. $5,25 \times 35 \times \frac{70}{360} = 35^f,73$.

1556. $5 \times 60 \times \frac{75}{360} = 62^f,50$.

1557. $412^f,85$.

1558. $\left(5 \times 150 \times \frac{3}{12}\right) + \left(8 \times 150 \times \frac{5}{12}\right) = 187^f,50$

$+ 500^f = 687^f,50$.

1559. $(4 \times 150) + (5 \times 100) = 600 + 500 = 1100^{fr}$ de rente.

1560. $(5 \times 112,5) + (4,5 \times 187,5) = 562^f,50 + 843^f,75 = 1406^f,25.$

Chaque famille reçoit $(1406^f,25 : 2) : 25 = 28^f,125.$

1561. $2^f,05 \times 18 \times 85 = 3136^f,50$ de bougie ;
$$3136^f,50 - 1800^f = 1336^f,50.$$
$$\text{Intérêt} = 6^f \times 13,365 \times \frac{4}{12} = 26^f,73.$$

1562. Prix de vente $21^f,50 \times 17 = 365^f,50.$
Intérêt $5^f \times 3,655 = 18^f,275.$
Somme totale $365^f,50 + 18^f,275 = 383^f,775.$

1563. 1° 106 francs ;
$100^f + (6^f \times 4) = 124$ francs.

1564. 100 francs valent au bout de 3 ans $100^f + (4^f,5 \times 3) = 113^f,50.$

7800^f valent au bout de ce temps $113^f,50 \times 78 = 8853$ francs.

1565. $70^f \times 4,5 = 315$ francs ou 3 *cents*, 15 ;
$$100^f \text{ valent au bout de 8 mois } 100^f + \left(6^f \times \frac{8}{12}\right)$$
$= 104$ francs.

Somme à payer $104^f \times 3,15 = 327^f,60.$

1566. 4 ans 1 mois 15 jours $= 1485$ jours.

100^f à 3,25 % valent au bout de ce temps
$$100^f + \left(3^f,25 \times \frac{1485}{360}\right) = 113^f,40625.$$

8340^{fr} placés dans les mêmes conditions valent
$$113^f,40625 \times 83,4 = 9458^f,08.$$

1567. 100^f à 5,4 % valent au bout de 1100 jour r
$$100^f + \left(\frac{5^f,4 \times 1100}{360}\right) \text{ ou } 116^f,50.$$

100^f à 4,8 % valent au bout de 1100 jours.
$$100^f + \left(\frac{4^f,8 \times 1100}{360}\right) \text{ ou } 114^f,66.$$

Les 7400^f vaudront dans 3 ans 20 jours :

$$(116^f,50 \times 44,4) + (114^f,66 \times 19,6) = 5172^f,60 + 3393^f,95 = 8566^f,55.$$

Recherche du capital.

1568. 200 francs.

1569. $120 : 4 = 30$ fois 100 francs $= 3000$ fr.

1570. $420 : 3,5 = 120$ fois 100 fr. $= 12\,000$ fr.

1571. $120 : 2 = 60^f$ par an ;
$60 : 5 = 12$ fois $100^f = 1200^f$.

1572. $648 : 3 = 216^f$ par an ;
$216 : 4 = 54$ fois 100 fr. $= 5400^f$.

1573. $42^f,50 \times 12 = 510^f$ par an ;
$510 : 6 = 85$ fois $100^f = 8500^f$.

1574. $68^f,50 : \dfrac{5}{12} = 164^f,40$ par an ;

$164,4 : 3 = 54$ fois, 8 *cent* fr. $= 5480$ francs.

1575. $65^f : \dfrac{4}{12} = 195^f$ pour un an ;

Somme empruntée $195 : 5 = 39$ fois $100^f = 3900^f$.

1576. $1296^f,05 \times 4 = 5184^f,20$ par an ;
$5184,20 : 3,5 = 1481$ fois, 2 *cent* francs $= 148\,120$ francs.

Fortune $= 148\,120 : \dfrac{7}{8} = 169\,280$ francs.

1577. $2000 : 3,5 = 571^f,443$ par an ; $571,443 : 4,5 = 126$ fois, 98 *cent* francs $= 12698$ francs environ.

1578. 4 mois 10 jours $= 130$ jours ;

$287^f,50 : \dfrac{130}{360} = 796^f,154$ par an ;

$796,154 : 4,25 = 187$ fois, 33 *cent* francs $= 18733$ fr.

1579. $6048^f = $ Valeur $\times 0,08$;
Valeur $= 6048^f : 0,08 = 75600$ fr.

1580. 4 ans 7 mois 10 jours $= 1660$ jours ;

$13556^f,666 : \dfrac{1660}{360} = 2940^f$ d'intérêt par an ;

Capital 2940 : 3,5 = 840 fois 100 fr. = 84000 francs.

1581. En plaçant 100^f à 5 %, et 100^f à 4 %, on aurait 9^f de rente pour 200^f, soit $4^f,50$ pour cent francs.

Capital à placer 450 : 4,5 = 100 fois 100^f = 10000 fr.

1582. Taux moyen $\left(4,25 + 6,20\right) : 2 = 5^f,225$ %.

Intérêt annuel = 4500 : 1,5 = 3000^f ;

Somme 3000 : 5,225 = 574 fois, 16 *cent* francs = 57416 francs.

1583. Taux moyen $\left(\dfrac{6 + 5 + 4,6}{3}\right) = 5^f,20$ %.

$780^f \times 4 = 3120$ fr. de rente annuelle ;

Capital placé 3120 : 5,2 = 600 fois 100^f = 60000 francs.

1584. 735 : 1,05 = 700 francs.

1585. 1^f devient en 2 ans $1^f,10$;

Somme placée = 4180 : 1,1 = 3800 francs.

1586. 1^f devient en un an et demi $1^f + \left(0^f,035 \times 1,5\right) = 1^f,0525.$

Somme placée 673,60 : 1,0525 = 640 francs.

1587. 1^f vaut au bout de 8 mois $1^f,0266...$

Somme placée 9548 : 1,0266 = 9300 francs.

1588. Au bout de 16 mois 1 fr. à 6 % vaut $1^f,08$;

Somme empruntée 9720 : 1,08 = 9000 francs.

1589. 140 j. — 90 j. = 50 jours de retard.

1 fr. à 5 % vaut au bout de 50 jours $1^f,006944.$

Valeur totale 226,55 : 1,006944 = 225 francs.

Prix de l'Hectolitre = 225 : 12,5 = $17^f,60.$

1590. 3 ans 4 mois 15 jours = 1215 jours.

1 fr. à 3,75 % vaut au bout de 1215 jours $1^f,1265625.$

Somme placée 17620 : $1^f,1265625$ = 15640.

1591. 1 fr. devient en 2 ans $1^f,10$;

Somme placée = $2000 \times 2 = 4000$ francs.

1592. Intérêt annuel $1125^f : \dfrac{9}{12} = 1500^f$;

$2200 : 1,1 = 2000$ fr.

$1500 : 3,75 = 400$ fois 100 francs $= 40000$ francs.

Somme $40000 : \dfrac{4}{5} = 50000$ francs.

1593. 100^f donnent $\left(6^f - 5^f,50\right) = 0^f50$ de plus d'intérêt ;

Somme $80 : 0,5 = 160$ fois 100 fr. $= 16000$ francs.

1594. 300^f à $4\ \%$ donnent 12 francs de rente ;

500^f à $3\ \%$ donnent 15^f de rente ;

Total 27^f de rente pour 800^f, soit $27 : 8 = 3^f,375\ \%$.

Fortune $= \left(2160 : 3,375\right) = 640$ fois $100^f = 64000$ fr.

1595. La 2e partie est les $\dfrac{4}{5}$ de la précédente puisque

le taux auquel elle est placée est les $\dfrac{5}{4}$ du précédent ;

Il s'agit de diviser 81000 fr. en deux parts dont l'une

soit les $\dfrac{4}{5}$ de l'autre ;

$81000 : \left(\dfrac{5 \times 4}{5}\right) = 81000^f : \dfrac{9}{5} = 45000^f$ pour la plus

forte part $\left(\ \%\right)$;

$45000^f \times \dfrac{4}{5} = 36000^f$ pour la partie à $5\ \%$.

1595 *bis.* 50000^f à $4\ \%$ donneraient $4 \times 500 = 2000^f$
de rente seulement, soit en moins 300^f ;

100^f à $5\ \%$ substitués à 100^f placés à $4\ \%$ diminueront
cette différence de $5 - 4 = 1$ fr. ;

On déplacera donc 300 fois 100^f ou 30000^f à $4\ \%$ pour
les placer à $5\ \%$;

Il restera 20000^f placés à $4\ \%$.

Recherche du temps.

1596. 15 : 5 = 3 ans.

1597. $4^f \times 7 = 28^f$ par an ; 112 : 28 = 4 ans.
1020 : 510 = 2 ans.

1598. $6^f \times 85 = 510^f$ par an ;

1599. $5 : 6 = \dfrac{5}{6}$ d'année = 10 mois.

1600. $5^f \times 72 = 360^f$ par an ; $\dfrac{210}{360}$ ou $\dfrac{7}{12}$ d'année = 7 mois.

1601. $4^f,5 \times 84,6 = 380^f,70$ par an ;
$317,25 : 380,70 = \dfrac{10}{12}$ d'année = 10 mois.

1602. $0,8 : 3,6 = \dfrac{8}{36}$ d'année = 80 jours.

1603. $4^f \times 94,5 = 378^f$ par an ;
183,75 : 378 = 5 mois 25 jours.

1604. $3^f,5 \times 7 = 24^f,5$ d'intérêt annuel ;
$712^f,90 - 700^f = 12^f,90$ d'intérêt pour le temps cherché.
12,90 : 24,5 = 6 mois 9 jours environ.

1605. $3^f,75 \times 276,45 = 1036^f,6875$ d'intérêt annuel.
6452 : 1036,6875 = 6 ans 2 mois 20 jours.

1606. $87000^f - 75600^f = 11400^f$.
Intérêt annuel $8^f \times 756 = 6048$ fr. ;
Temps 11400 : 6048 = 1 an 10 mois 18 jours.

1607. $100^f : 5 = 20$ ans.

1608. Si 100^f sont triplés, ils augmentent de 200^f ;
200 : 3,2 = 62 ans 6 mois.

1609. 100^f augmentent de 50^f, c'est-à-dire rapportent 50^f d'intérêt en 50 : 4 = 12 ans 6 mois.

1610. $5^f,2 \times 1,745 = 9^f,074$ d'intérêt annuel.
28,35 : 9,074 = 3 ans 1 mois 15 jours environ.

1611. $2^f,25 \times 15 \times 25 = 843^f,75$; $900^f - 843^f,75$
$= 56^f,25$ d'intérêt.

$5^f \times 8,4375 = 42^f,1875$ d'intérèt annuel;

$56,25 ; 42,1875 = 1$ an 4 mois après l'échéance;
Soit 1 an 7 mois après l'achat.

Recherche du taux.

1612. $15 : 3 = 5 \%$.

1613. $192 : 6 = 32^f$ par an;
Taux $= 32 : 8 = 4 \%$.

1614. $819 : 3 = 273^f$ par an;
Taux $= 273 : 78 = 3,5 \%$.

1615. $8235 : 5 = 1647^f$ par an;
Taux $= 1647 : 274,5 = 6 \%$.

1616. $4700 : 370 = 12^f,70 \%$.

1617. Revenu net $1200^f - 850^f = 350^f$;
Taux $350^f : 37 = 9^f,45 \%$.

1618. $2^f,10 \times 12 = 25^f,20$ d'intérèt annuel.
Taux $25,20 : 7,45 = 3^f,38 \%$.

1619. $25^f \times 2 = 50^f$ d'intérêt annuel;
Taux $= 50^f : 8,7925 = 5^f,68 \%$.

1620. $1250^f : \dfrac{8}{12} = 1875^f$ par an;

Taux $1875^f : 473,2 = 3^f,96 \%$.

1621. $180^f : \dfrac{230}{360} = 281^f,74$ par an.

Taux $281^f,74 : 37,45 = 7^f,52 \%$.

1622. 3 ans 7 mois $= 43$ mois;

$1140 : \dfrac{43}{12} = 318^f,14$ par an;

Taux $318^f,14 : 74,3 = 4^f,28$ environ $\%$.

1623. Du 1er mars 1874 au 15 juin 1875 il y a 1 an
3 mois 15 jours ou 465 jours;

Intérêt annuel $25^f : \dfrac{465}{360} = 19^f,35$;

Taux $= 19^f,35 : 4,3225 = 4^f,47$ environ $\%_0$.

1624. En 1 an, il a augmenté de son $\dfrac{1}{5} : 4 = \dfrac{1}{20}$.

Taux $100^f \times \dfrac{1}{20} = 5 \%_0$.

1625. Si une somme est doublée en 25 ans, elle est placée à $100 : 25 = 4 \%_0$ par an.

1626. 100^f ont rapporté 200^f d'intérêt en 16000 jours

ou $200 : \dfrac{16000}{360} = 4^f,50$ par an.

1627. Intérêt pour 2 ans $= 902^f - 820^f = 82^f$;
Intérêt annuel $82^f : 2 = 41$ francs.
Taux $41 : 8,20 = 5 \%_0$.

1628 $9600^f - 7500^f = 2100$ d'intérêt pour 3 ans ;
Intérêt annuel $2100^f : 3 = 700$ fr.
Taux $700 : 96 = 7^f,29$ environ $\%_0$.

1629. 100^f rapportent 100^f d'intérêt en 187 mois ;

Soit par an $100^f : \dfrac{187}{12} = 6^f,417$ environ.

1630. $138^f : 3 = 46^f$ d'intérêt par an ;
Capital $46 : 5 = 9$ fois, 2 *cent* francs $= 920$ francs ;

$\left(138 + 27\right) : 3 = 55^f$ d'intérêt annuel par le nouveau

placement ;
Taux nouveau $55 : 9,2 = 5^f,97$ environ pour cent.

Nota. On peut dire aussi : l'intérêt devant être aug-

menté de ses $\dfrac{27}{138}$ ou de ses $\dfrac{9}{46}$, le taux nouveau sera égal

à l'ancien $\left(5 \%_0\right)$ augmenté de ses $\dfrac{9}{46}$ c'est-à-dire 5^f

$\times \dfrac{55}{46} = 5^f,97 \%_0$, nombre trouvé précédemment.

JUIN

RÈGLE D'ESCOMPTE.

1631. $100^f - 5^f = 95^f$.

1632. 100^f valent aujourd'hui 94^f ;
400^f valent aujourd'hui $94^f \times 4 = 376$ francs.

1633. $4 \times 2 \times 8 = 64^f$ d'escompte ;
$800^f - 64^f = 736$ fr. à recevoir.

1634. Escompte $5 \times 34 \times \dfrac{8}{12} = 113^f,33\ldots$;

Le banquier donnera $3400^f - 113^f,33.. = 2286^f,66$.

1635. Du 1er juin au 1er septembre, il y a 3 mois $+ \dfrac{1}{4}$

d'année ;

Escompte $5^f \times 75 \times \dfrac{1}{4} = 92^f,50$; le banquier versera

$7500^f - 92^f,50 = 7407^f,50$.

1636. $80^f \times 25 = 2000$ francs ;

Escompte $5 \times 20 \times \dfrac{1}{4} = 25^f$;

Somme à recevoir $2000^f - 25^f = 1975$ francs.

1637. Escompte $6 \times 5,45 \times \dfrac{5}{13} = 13^f,625$.

Le banquier donnera $545^f - 13^f,625 = 531^f,375$.

1638. $180^f \times 18,5 = 3330$ francs ; $3330^f - 2500^f = 830^f$;

Escompte $5^f \times 8,3 \times \dfrac{1}{2} = 20^f,75$.

Je recevrai $830^f - 20^f,75 = 809^f,25$.

1639. Remise $6^f \times 15 \times \dfrac{1}{2} = 45^f$;

Somme à verser $1500^f - 45^f = 1455$ francs.

1640. Escompte total $\left(5^f \times 4,5\right) + \left(5^f \times 8 \times \frac{8}{12}\right)$
$= 22^f,50 + 26^f,666 = 49^f,166.$

Somme à recevoir $450^f + 800^f - 49^f,166 = 1200^f,85$ environ.

Escompte total $\left(5^f \times 9,5 \times \frac{1}{4}\right) + \left(5^f \times 7 \times \frac{140}{360}\right)$
$= (11^f,875 + 13^f,611) = 25^f,486$ ou $25^f,50.$

Le banquier donnera $(950^f + 700^f - 25^f,50) = 1624^f,50.$

1641 *bis*. Escompte $6 \times 7,5 \times \frac{8}{12} = 30$ francs ;

Retenue $= 0^f,5 \times 7,5 = 3^f,75$;
Somme à payer $750^f - 33^f,75 = 716^f,25.$

1642. Escompte $5^f \times 4 \times \frac{9}{12} = 15$ francs ;

Valeur du billet $400^f - 15^f = 385^f$;
Somme en espèces $650^f - 385^f = 265$ francs.

1643. Escompte total $\left(5^f \times 34 \times \frac{1}{2}\right) + \left(5^f \times 28 \times \frac{7}{12}\right)$
$= (85^f + 81^f,66) = 166^f,666...$

Valeur actuelle des 2 billets $(3400^f + 2800^f - 166^f,66)$
$= 6033^f,35.$

Somme en espèces $(7000^f - 6063^f,35) = 936^f,65.$

1644. Escompte $\left(5^f \times 8,45 \times \frac{5}{12}\right) + \left(5^f \times 5 \times \frac{10}{12}\right)$
$= 17^f,60 + 20^f,85 = 38^f,45$;

Valeur du blé $750^f + 845^f + 500^f - 38^f,45 = 2056^f,55$;
Prix de l'Hectolitre $2056^f,55 : 12 = 17^f,15$ environ.

1645. Remise pour (9 mois — 50 j.) ou 220 jours
$= 6^f \times 40 \times \frac{220}{360} = 146^f,65.$

Somme reçue $9000^f - 146^f,65 = 8853^f,35.$

1646. 100^f payables dans un an valent aujourd'hui 95^f ;
Valeur nominale $285 : 95 = 3$ fois $100^f = 300$ francs.

1647. 100^f payables dans 75 jours valent aujourd'hui

$$100^f - \left(5^f \times \frac{75}{360}\right) = 98^f,96 \text{ environ;}$$

Valeur nominale du billet 940,1 : 98,96 = 9 fois, 5 *cent* francs = 950 francs.

1648. Du 15 juin au 15 octobre, il y a 4 mois ou $\frac{1}{3}$ d'année;

100^f payables dans $\frac{1}{3}$ d'année valent $100^f - \left(6 \times \frac{1}{3}\right)$ = 98 francs;

Valeur nominale 553,7 : 98 = 5 fois, 65 *cent* francs = 565 francs.

1649. Les 0,06 — les 0,05 = le 0,01 de la valeur nominale du billet = $1410^f,75 - 1395^f,90 = 14^f,85$;

Valeur nominale $14^f,85 \times 100 = 1485$ francs.

1650. 100^f payables dans 3 mois valent aujourd'hui

$$100^f - \left(5^f \times \frac{3}{12}\right) = 98^f,75;$$

Valeur du billet 4868,9 : 98,75 = 49 fois, 3 *cent* fr. ou 4930^f;

Prix du mètre carré 4930^f : 650 = $7^f,58$ environ.

1651. Escompte $0^f,6 \times 7 = 4^f,20$ % pour 7 mois.

100^f payables dans 7 mois, valent aujourd'hui $100^f - 4^f,20 = 95^f,80$.

Montant du billet 6227 : 95,8 = 65 fois 100 fr. = 6500 francs.

1652. Escompte $700^f - 686^f = 14$ fr. pour 700^f, soit 14 : 7 = 2^f pour 100^f;

Temps 2 : 5 = $\frac{2}{5}$ d'année ou 4 mois 24 jours.

1653. $3700^f - 3607^f,50 = 92^f,50$ d'escompte pour 3700 fr., soit 92,5 : 37 = $2^f,50$ pour cent francs.

Délai = 2,5 : 5 = $\frac{1}{2}$ année ou 6 mois.

Date de l'échéance : 1er novembre.

1654. 8000^f — 7800^f = 200^f de diminution sur 8000^f, soit 200^f : 80 = 2^f,5 sur 100 fr.

Il faut avancer le payement de 2,5 : 6 = $\dfrac{25}{60}$ d'année ou 5 mois.

1655. 14500^f — 14000^f = 500^f d'escompte pour 14500^f, soit pour cent francs (500^f : 145) = 3^f,448 ;

Le payement devra être avancé de 3,448 : 5 = 8 mois 6 jours environ.

1656. Escompte du 1er billet 6^f $\times$ 86 $\times \dfrac{190}{360}$ = 272^f,35 environ ;

Valeur de chaque billet 8600^f — 272^f,35 = 8327^f,65 ;

Escompte du 2e billet 8400^f — 8327^f,65 = 72^f,35 sur 8400 fr. soit (72^f,35 : 84) = 0^f,861 environ sur 100^f ;

Temps à s'écouler jusqu'à l'échéance du 2e billet ;

0,861 : 4,5 = 2 mois 6 jours environ.

1657. Retenue = 15^f sur 300^f ; taux = 15 : 3 = 5 %.

1658. Retenue 400 — 388 = 12^f pour 6 mois ou 24^f pour un an, sur 400 fr.

Taux = 24^f : 4 = 6 %.

1659. Escompte 820^f — 709^f,30 = 110^f,70 pour 3 ans, ou 36^f,90 par an sur 820 fr.

Taux = 36^f,9 : 8,2 = 4^f,50 %.

1660. Escompte 15^f pour 1 an et demi, ou (15 : 1,5) = 10^f par an sur 215^f ;

Taux = 10 : 2,15 = 4^f,65 environ %.

1661. Escompte 5^f pour 3 mois ou 20^f par an sur 400^f ; soit 20^f : 4 = 5^f sur 100^f ; taux = 5 %.

1662. Escompte 16^f pour (12 — 8) = 4 mois, soit 16^f : $\dfrac{4}{12}$ = 48^f par an sur 800^f ;

Taux de l'escompte $48^f : 8 = 6^f,70$.

1663. Escompte $9000^f - 8962^f,50 = 37^f,50$ pour 25 jours, soit $37^f,50 : \dfrac{25}{360} = 540^f$ par an sur 9000^f ;

Taux $= 540 : 90 = 6\ \%$.

1664. Retenue $0,5 \times 48 = 24^f$;

Escompte $4800^f - 24^f - 4636^f = 140^f$ pour 7 mois, soit

$140^f : \dfrac{7}{12} = 240^f$ par an sur 4800^f ;

Taux $240^f : 48 = 5\ \%$.

1665. $28^f \times 2,25 \times 24 = 1512$ francs ;

Escompte $1512^f - 1500^f,65 = 11^f,35$ pour 3 mois, soit $(11^f,35 \times 4) = 45^f,40$ pour un an sur 512 francs ;

Taux de l'escompte $45^f,4 : 15,12 = 3\ \%$.

Partage proportionnel.

1666. $27 : 3 = 9$; Léon a 9 noisettes et Georges 18.

1667. $84 : 7 = 12$;

Gustave a $12 \times 3 = 36$ prunes ;

Lucien en a $12 \times 4 = 48$.

1668. $42 : 8 = 6$;

Léon a eu $6 \times 2 = 12$ cerises ;

André en a eu $6 \times 5 = 30$;

Gaston en a eu 6.

1669. $60 : (5 + 1) = 60 : 6 = 10$;

L'un aura 10 prunes et l'autre $10 \times 5 = 50$;

1670. $1^f,65$ pour $(5 + 6) = 11$ bons points ;

L'un aura $1^f,65 \times \dfrac{5}{11} = 0^f,75$ et l'autre $1^f,65 \times \dfrac{6}{11} = 0^f,90$.

1671. $7 + 9 = 16$; le plus jeune doit avoir $80 \times \dfrac{7}{16} = 35$ noix, et l'aîné $80 \times \dfrac{9}{16} = 45$.

1672. 8^f pour $(6 + 4) = 10$ heures ; le 1er doit avoir $8^f \times \dfrac{6}{10} = 4^f,80$, et le 2^e $8^f \times \dfrac{4}{10} = 3^f,20$.

1673. $30 + 34 + 24 = 88$;

La 1re a donné les $\dfrac{30}{88}$ de 1232 litres, soit 420 litres ;

La 2e id. $\dfrac{34}{88}$ id.   id.   476 litres ;

La 3e id. $\dfrac{24}{88}$ id.   id.   336 litres ;

1674. $5 + 7 + 8 = 20$;

1re part $167 \times \dfrac{5}{20} = 41^f,75$;

$2^e = 167 \times \dfrac{7}{20} = 58^f,45$;

$3^e = 167 \times \dfrac{8}{20} = 66^f,80$.

1675. $4 + 6 + 7 = 17$;

Le 1er pèse $44,2 \times \dfrac{4}{17} = 10^{kg},4$;

Le 2e pèse $44,2 \times \dfrac{6}{17} = 15^{kg},6$;

Le 3e pèse $44,2 \times \dfrac{7}{17} = 18^{kg},2$.

1676. 1° $(1^m,4 \times 1^m,2 \times 1^m,3) = 2^{m3}, 184$;
2^e $1^m,6 \times 1^m,4 \times 1^m,1) = 2^{m3},464$;
3° $(1^m,8 \times 1^m,5 \times 1^m,4) = 3^{m3},78$.
Volume total $(2,184 + 2,464 + 3,78) = 8^{m3},428$;

Poids du $1^{er} = \dfrac{15760 \times 2184}{8428} = 4084^{kg}$ environ ;

Poids du $2^e = 4607^{kg},5$; poids du $3^o = 7068^{kg},5$.
1677. Poids du cuivre $1200 \times 0,78 = 936^{kg}$;
Poids de l'étain $1200 \times 0,22 = 264^{kg}$;

Prix total $(3^f,50 \times 936) + (2^f,50 \times 264) = 3276^f$
$+ 660^f = 3936$ francs.

1678. $10 \times 8 \times 14 = 1120$; $11 \times 14 \times 12 = 1848$;
$1120 + 1848 = 2968$;

La 1re troupe aura $\dfrac{1187,2 \times 1120}{2968} = 448$;

La 2e troupe aura $\dfrac{1187,2 \times 1848}{2968} = 739^f,20$;

Chaque ouvrier de la 1re troupe recevra $448^f : 14 = 32^f$;
Chaque ouvrier de la 2e recevra $739^f,20 : 12 = 61^f,60$;

1679. $4 + 5 + 6 = 15$;

$45 \times \dfrac{4}{15} = 12$ hectolitres à 18^f ; valeur $= 216^f$;

$45 \times \dfrac{5}{15} = 15$ hectolitres à 17^f ; valeur $= 255^f$;

$45 \times \dfrac{6}{15} = 18$ hectolitres à 15^f ; valeur $= 270^f$.

Total 45 hectolitres, revenant à 741^f.

L'hectolitre de mélange revient à $741^f : 45 = 16^f,466$
environ.

1680. $3,2 + 4,1 = 7,3.$

1re partie $= 52 \times \dfrac{32}{73} = 22,795$;

$2^e = 52 \times \dfrac{41}{73} = 29,205.$

1681. $5 + 7 = 12$;

1re partie $= 84 \times \dfrac{5}{12} = 35$; $2^e = 84 \times \dfrac{7}{12} = 49.$

1682. $2 + 3 = 5$;

1re partie $= 55 \times \dfrac{2}{5} = 22^m$;

2e partie $= 55 \times \dfrac{3}{5} = 33^m.$

1683. Somme des numérateurs $= 4 + 7 = 11$;

1re partie $880 \times \dfrac{4}{11} = 320$ litres ;

$2^{\text{e}} = 880 \times \dfrac{7}{11} = 560$ litres.

1684. $\dfrac{1}{2} + \dfrac{1}{5} = \dfrac{5}{10} + \dfrac{2}{10} = \dfrac{7}{10}$;

1re partie $280 \times \dfrac{5}{7} = 200^{\text{gr}}$; 2^{e} $280 \times \dfrac{2}{7} = 80^{\text{gr}}$.

1685. $\dfrac{2}{5}$ et $\dfrac{3}{8} = \dfrac{16}{40}$ et $\dfrac{15}{40}$; $16 + 15 = 31$;

La 1re personne a $62 \times \dfrac{16}{31} = 32$ ans ;

L'autre a $62 \times \dfrac{15}{31} = 30$ ans.

1686. $2 + 3 + 5 = 10$;

1re partie $= 124 \times \dfrac{2}{10} = 24^{\text{f}},80$;

2^{e} partie $124 \times \dfrac{3}{10} = 37^{\text{f}},20$; $3^{\text{e}} = 124 \times \dfrac{5}{10} = 62$ fr.

1687. Il s'agit de diviser 38 bons points en parties proportionnelles aux nombres $1 ; \dfrac{1}{3}$ et $\dfrac{1}{4}$,

$1, \dfrac{1}{3}$ et $\dfrac{1}{4} = \dfrac{12}{12}, \dfrac{4}{12}$ et $\dfrac{3}{12}$; $12 + 4 + 3 = 19$;

Le 1er aura $38 \times \dfrac{12}{19} = 24$ bons points ;

Le 2e en aura $38 \times \dfrac{4}{19} = 8$;

Le 3e en aura $38 \times \dfrac{3}{19} = 6$.

1688. Il s'agit de partager $7^{\text{f}},40$ proportionnellement aux fractions $\dfrac{1}{4}, \dfrac{1}{5}$ et $\dfrac{1}{6}$; ou $\dfrac{15}{60}, \dfrac{12}{60}$ et $\dfrac{10}{60}$;

Somme des numérateurs $15 + 12 + 10 = 37$.

Le 1er ouvrier doit recevoir $7^f,40 \times \dfrac{15}{37} = 3$ fr.;

Le 2^e $7^f,40 \times \dfrac{12}{37} = 2^f,40$; le 3^e $7^f,40 \times \dfrac{10}{37} = 2$ francs.

1689. Les temps employés sont *inversement* proportionnels aux diverses activités ; il faut donc diviser 6 heures 2 minutes ou 362 minutes en parties proportionnelles aux fractions $\dfrac{1}{10}, \dfrac{1}{11}$ et $\dfrac{1}{12}$ ou $\dfrac{66}{660}, \dfrac{60}{660}$ et $\dfrac{55}{660}$;

$66 + 60 + 55 = 181$;

Le 1er ouvrier a travaillé $362 \times \dfrac{66}{181} = 132'$ ou 2 heures 12 minutes ;

Le 2^e $362 \times \dfrac{60}{181} \times 120$ minutes ou 2 heures ;

Le 3^e $362 \times \dfrac{55}{181} = 110$ minutes ou 1 heure 50 minutes.

RÈGLE DE SOCIÉTÉ

1690. $6 + 4 = 10$;

Le 1er aura $1200 \times \dfrac{6}{10} = 720$ fr.;

Le 2^e $1200 \times \dfrac{4}{10} = 480$ francs.

1691. $18 + 15 = 33$ centaines de francs ;

La 1re doit avoir $780 \times \dfrac{18}{33} = 425^f,45$;

La 2^e $780 \times \dfrac{15}{33} = 354^f,55$.

1692. Bénéfice total $= 35000 - (15000 + 12000) = 8000$ francs.

Il revient au 1er associé $8000^f \times \dfrac{15}{27} = 4444^f,45$ et au 2^e

$8000^f \times \dfrac{12}{27} = 3555^f,55$.

1693. Il revient au 1er $45000 \times \dfrac{27}{55} = 22090^f,91$, et au 2^e

$45000 \times \dfrac{28}{55} = 22909^f,09$.

1694. $30000^f \times \dfrac{1}{2} = 15000$ francs ;

1° $5 \times 150 = 750^f$ de rente par le placement de la première moitié ;

2° $52000 \times \dfrac{15}{850} = 917^f,65$ par le placement de l'autre moitié ;

Rente totale $1667^f,65$.

1695. $3 + 5 + 6 = 14$;

Il revient au 1er $14000 \times \dfrac{3}{14} = 3000^f$;

Au 2^e $14000 \times \dfrac{5}{14} = 5000^f$;

Au 3^e $14000 \times \dfrac{6}{14} = 6000$ francs.

1696. Les parts doivent être proportionnelles aux nombres 2 pour la 1re, et 3 pour chacune des deux autres ; $2 + 3 + 3 = 8$.

Il revient au 1er associé $24000 \times \dfrac{2}{8} = 6000$ fr. ;

Au 2e et au 3e, chacun $24000 \times \dfrac{3}{8} = 9000$ francs.

1697. $3 + 4 + 6 = 13$;

Le 1er associé aura $2600 \times \dfrac{3}{13} = 600$ fr. ;

Le 2ᵉ $2600 \times \dfrac{4}{13} = 800$ fr.;

Le 3ᵉ $2600 \times \dfrac{6}{13} = 1200$ francs.

1698. 700 fr. placés pendant 4 mois ont, commercialement, la valeur de $(700 \times 4) = 2800^f$ pendant 1 mois; et 900^f placés pendant 3 mois, ont la valeur de $(900 \times 3) = 2700^f$ pendant 1 mois;

$28 + 27 = 55$; le 1ᵉʳ a gagné $600 \times \dfrac{28}{55} = 305^f,45$ et le 2ᵉ

$600 \times \dfrac{27}{55} = 294^f,55$.

1699. $6000 \times 2 = 12000$; $5000 \times 2 = 10000$; $7000 \times 1 = 7000$; $4000 \times 3 = 12000$;

$12 + 10 + 7 + 12 = 41$;

Bénéfice du 1ᵉʳ $8200 \times \dfrac{12}{41} = 2400$ francs;

Bénéfice du 2ᵉ $8200 \times \dfrac{10}{41} = 2000^f$;

Bénéfice du 3ᵉ $8200 \times \dfrac{7}{41} = 1400^f$;

Bénéfice du 4ᵉ $8200 \times \dfrac{12}{41} = 2400^f$;

Le 1ᵉʳ retirera $(6000 + 2400) = 8400^f$;
Le 2ᵉ $(5000 + 2000) = 7000$;
Le 3ᵉ $(7000 + 1400) = 8400^f$;
Le 4ᵉ $(4000 + 2400) = 6400$ francs.

1700. Les mises étaient proportionnelles aux bénéfices retirés;

$24 + 32 + 36 = 92$; le 1ᵉʳ avait mis $23000 \times \dfrac{24}{92} = 6000^f$; le 2ᵉ $23000 = \dfrac{32}{92} = 8000^f$; le 3ᵉ $23000 \times \dfrac{36}{92} = 9000^f$.

JUILLET ET AOUT

RÉVISION GÉNÉRALE

1701. Pour payer le mètre $(15^f,50 - 14^f,25) = 1^f,25$ de plus, il m'eût fallu débourser en plus $(1^f,45 + 1^f,80) = 3^f,25$;

J'ai donc acheté $3,25 : 1,25 = 2^m,60$ de drap.

1702. En payant 2 fr. de moins par mètre, j'aurais pu avoir en plus $(4^m \text{ à } 6^f)$; valeur 24 francs ;

J'ai donc acheté $24 : 2 = 12$ mètres.

On peut dire aussi : le prix d'un mètre de 2ᵉ qualité étant les $\frac{6}{8}$ ou les $\frac{4}{3}$ du prix du mètre de 1ʳᵉ qualité, la longueur du coupon de 2ᵉ doit être les $\frac{4}{3}$ de celui de 1ʳᵉ, c'est-à-dire le dépasser de son *tiers*. Ainsi, les 4 mètres représentent le $\frac{1}{3}$ du coupon de 1ʳᵉ qualité ;

Le coupon acheté a $4 \times 3 = 12$ mètres.

1703. La largeur de la 2ᵉ étoffe étant les $\frac{70}{75}$ de celle de la 1ʳᵉ, sa longueur doit être les $\frac{75}{70}$ de celle de la 1ʳᵉ.

Il faudra donc $37^m,20 \times \frac{12}{8} \times \frac{75}{70} = 58^m,50$.

1704. $52 : 13 = 4$ douzaines payées.

Prix d'achat $(2^f,25 \times 12 \times 4) = 108^f$;

Prix de vente $2^f,50 \times 52 = 130^f$;

Bénéfice $130^f - 108^f = 22$ francs.

1705. $3^f,20 \times 0,915 \times 48,5 = 142$ francs.

1706. Bénéfice par mètre $\left(\dfrac{28}{11} - \dfrac{7}{3}\right) = \dfrac{7}{33}$ de francs.

Longueur $14 : \dfrac{7}{33} = 66$ mètres.

1707. $20 + 19 + 18 = 57$ hectol. par heure ;
$57 \times 24 = 1368$ hectol. par jour.

1708. Si l'on avait gagné autant que la marchandise avait coûté, le prix de vente eût été $3050^f + 2500^f = 5550^f$, ou 2 fois le prix d'achat ;

Prix d'achat $5550 : 2 = 2775$ francs.

1709. La 1re a payé le litre de vin $162^f : 225 = 0^f,72$; et la 2^e $165 : 230 = 0^f,717$;

C'est la 2e personne qui a fait le meilleur marché.

1710. $4^m,25 \times \dfrac{75}{65} = 4^m,90$ de doublure.

Prix $1^f,10 \times 4,90 = 5^f,39$ ou $5^f,40$.
1711. $(4603^f,28 \times 12) + 3948^f,55 + 2703^f + 529^f,08 = 62420$ francs.

1712. Valeur $42^f \times 89,25 = 3748^f,50$;
Reste $(89,25 - 1,7) = 87^{hl},55$;
Prix de l'hectol. $3748^f,5 : 87,55 = 42^f,815$.

1713. $22^f,50 \times (42 : 5) = 189$ francs ;
Prix du kilogr. de pain $189 : 630 = 0^f,30$.

1714. 1° Dépense par jour $(2200 - 375) : 365 = 5$ fr.
2° $2625 : 375 = 7$ ans.

1715. $(0^f,45 \times 2) - 0^f,82 = 0^f,90 - 0^f,82 = 0^f,08$ par kilogramme.

1716. Valeur reçue $340^f + 80^f + (0^f,32 \times 270) = 506^f,40$;
Prix d'achat $506^f,40 - 110^f = 396^f,40$.

1717. $89,8 : \dfrac{4}{25} = 561,25$;

$561,25 : 27 = 20,787$.

1718. 45° centigrades $= 45 \times \dfrac{8}{10} = 36°$ Réaumur.

1719. 35°,5 Réaumur $= 35,5 \times \dfrac{5}{4} = 44°,375$ centigrades.

1720. 1° $12^m,75 \times \dfrac{9}{5} = 22^m,95$ de percaline.

2° $(1^f,25 \times 12,75) + (0^f75 \times 22,95) = 15^f,95 + 17^f,20 = 33^f,15.$

1721. $521^f,25 + 274^f,05 + 391^f,50 = 1186^f,80.$

1722. $3^f,75 \times 350 = 1312^f,50 ;$

Bénéfice $13^f,125 \times \dfrac{3}{4} = 9^f,85$ environ.

1723. $(0^f,9 \times 24) - (0^f,85 \times 25) = 21^f,6 - 21^f,25 = 0^f,35.$

1724. Gain $4^f,75 \times 24 = 114^f$; dépense $3^f,25 \times 30 = 97^f,5 ;$

Économies $114 - 97,5 = 16^f,50.$

1725. $112,32 : 0,78 = 144$ carreaux ;

$144 : 18 = 8$ carreaux à chaque fenêtre.

1726. La plupart des données sont inutiles, il suffit de savoir que l'on revend $68^f,25$ ce que l'on a payé 65^f, c'est-à-dire qu'on a gagné $3^f,25$ sur 65 francs ;

Gain $0/0 = 3^f,25 : 0,65 = 5.$

1727. $7498^f =$ valeur $\times \dfrac{1}{4} ;$

Valeur $= 7498 \times 4 = 29992$ francs ;

1728. 405^f représentent la valeur de 9 paiements ;

Valeur du piano $= 405 \times \dfrac{15}{9} = 675$ francs.

1729. 1° On divise le numérateur par 4 et l'on a $\dfrac{2}{12}$; ou bien l'on multiplie le dénominateur par 4 et l'on a $\dfrac{8}{48}$,

2° On multiplie le numérateur par 4 et l'on a $\dfrac{32}{12}=2$ $-\dfrac{8}{12}$; ou bien on divise le dénominateur par 4 et l'on a $\dfrac{8}{3}=2\dfrac{2}{3}$.

1750. $24,6\times\dfrac{3}{7}\times\dfrac{2}{5}\times 4,217$ environ.

1751. 1° $1^f,20+(160^f:350)=1^f,20+0^f,457=1^f,657$;

2° $0^f,60+(95^f:375)=0^f,60+0^f,253=0^f853$.

1752. $21\times 0,7\times\dfrac{3}{4}=11^m,025$.

1753. Dividende $=$ (diviseur $\times$ quotient) $+$ Reste $(375\times 425)+2,5=159\,3752,5$.

1754. L'eau qu'il contient pèse $2,39-1,25=1^{kg},14$ A moitié plein, il pèse $1^{kg},25+0^{kg},57=1^{kg},82$.

1755. 1° $5,8:4=1^{hm},45$ par minute ;

2° $6,9:5=1^{hm},38$;

Différence en faveur du 1er $0^{hm},07$ par minute ; $0,07\times 60=4^{hm},20$ par heure, et $(4,2\times 8,5)=35^{hm},7$ en 8 heures et demie.

1756. 1° $\dfrac{7}{6}$ d'hectomètre par minute ; 2° $\dfrac{8}{7}$ d'hectomètre ;

Différence $=\dfrac{7}{6}-\dfrac{8}{7}=\dfrac{1}{42}$ d'hectomètre par minute en faveur du premier ;

Le 1er fera 1 hectomètre de plus que le 2e en $1:\dfrac{1}{42}=42$ minutes.

1757. 365 jours $\dfrac{5}{7}\times\dfrac{13}{12}=282$ jours environ.

1758. $(12^m:5)+(9^m:4)=2^m,4+2^m,25=4^m,65$ par heure ;

$93:4,65=20$ heures.

1739. $2 + 5 = 7$; la 1re aura $21 \times \dfrac{2}{7} = 6^{\text{f}}$, et la 2e 21

$\times \dfrac{5}{7} = 15$ francs.

1740. $0^{\text{f}},40 \times 53 = 21^{\text{f}},20$;
Reste $= 53$ litres revenant à $37 - 21,5 = 14^{\text{f}},5$;
Prix du litre $14^{\text{f}},50 : 53 = 0^{\text{f}},274$ environ.

1741. $45^{\text{f}} \times \dfrac{8,5}{6} = 63^{\text{f}},75$.

1742. 1° $371 : 1,75 = 212$ ares pour la plus grande et $212 \times 0,75 = 159$ ares pour l'autre;
2° $46750 : 1,75 = 26600^{\text{f}}$ pour la plus grande et $26600 \times 0,75 = 20150$ francs pour l'autre.

1743. 1° $10 \times 3,5 = 35$ heures; 2° $9 \times 4 = 36$ heures; $35 + 36 = 71$;

Le 1er doit recevoir $56,8 = \dfrac{35}{71} = 28$ francs;

Le 2^{e} $56,8 \times \dfrac{36}{71} = 28^{\text{f}},80$.

1744. $6^{\text{f}},30 : 3,5 = 1^{\text{f}},80$ le kilog.
Dépense $1^{\text{f}},80 \times 0,02 \times 3,5 \times 15 = 1^{\text{f}},89$.

1745. $(3^{\text{f}},20 \times 1,05) : 8 = 0^{\text{f}},42$ de laine par paire de bas;
Bénéfice $2^{\text{f}},80 - 0^{\text{f}},42 = 2^{\text{f}},38$ par paire de bas.

1746. $(0^{\text{f}},28 + 0,32) : 2 = 0^{\text{f}},30$ prix moyen du kilogramme;
$0^{\text{f}},30 \times 236 = 70^{\text{f}},80$; $2^{\text{f}},25 \times 8 = 18^{\text{f}}$ d'étoffe.
Somme reçue $70^{\text{f}},80 - 18^{\text{f}} = 52^{\text{f}},80$.

1747. 2 ouvriers gagnent par jour $1^{\text{f}},15 \times 2 = 2^{\text{f}},30$; $345 : 2,3 = 150$ jours.

1748. $8^{\text{f}},75 \times 27,5 \times 0,95 = 228^{\text{f}},60$;
$228,60 : 5 = 45$ pièces de 5^{f} plus $3^{\text{f}},60$ en autre monnaie.

1749. $26^{\text{f}},25 + 45^{\text{f}},325 = 71^{\text{f}},575$;

$71^f,575 \times 0,97 = 69^f,40.$

1750. $112^f,20 + 61^f,75 = 173^f,95$ pour $(187 + 95 = 282$ litres;

50 litres valent $173,95 \times \dfrac{50}{282} = 30^f,84.$

1751. $4\dfrac{2}{3} + 7\dfrac{1}{6} + 9\dfrac{2}{9} = 21$ mèt. $\dfrac{1}{18}$ ou $\dfrac{379}{18}$ de mèt.

Valeur totale $1^f,25 + \dfrac{379}{18} = 26^f,32.$

1752. $6 \times 30,755 \times \dfrac{1}{4} = 46^f,13.$

1753. $\left(1^f,90 \times \dfrac{295}{45}\right) : 30 = 12^f,45 : 30 = 0^f,415$ par jour.

1754. $7,13 : \dfrac{31}{4} = 0^{kg},920.$

1755. Il s'agit de diviser 40 en parties proportionnelles aux nombres 2, 3 et 5 dont le total est 10.

1re partie $= 40 \times 0,2 = 8$; $2^e = 40 \times 0,3 = 12$; $3^e = 40 \times 0,5 = 20$ francs.

1756. $0^f,75 \times 1,20 \times 8,75 = 7^f,875.$

1757. $(1^{kg} : 773) \times 450 \times 0,23 = 0^{kg},134$ environ.

1758. $(1^f,30 \times 0,12) \times 1,025 \times 52 = 8^f,314$ environ par an.

1759. $1^f,15 \times 0,065 = 0^f,07475$;

$1^f,45 \times 0,05 = 0^f,07\,25.$

Avec la 2e lampe, on réalisera en un an une économie de $(0^f,07475 - 0^f,0725) \times 4 \times 365 = 3^f,285.$

1760. 1er Reste $= \dfrac{1}{3}$; Regagné $\dfrac{1}{3} \times \dfrac{1}{2} = \dfrac{1}{6}$;

Avoir actuel $= \dfrac{1}{3} + \dfrac{1}{6} = \dfrac{1}{2}$;

Avoir primitif $= 27^f : \dfrac{1}{2}$ ou $27^f \times 2 = 54^f.$

1761. Il y a 58 épaisseurs de 4 centim. et 59 inter-valles de 24 centim;

Longueur totale $(0^m,04 \times 58) + (0^m,24 \times 59) = 2^m,32 + 14^m,16 = 16$ mètres, 48.

1762. $(0^f,075 \times 12 \times 17) + (0^f,08 \times 12 \times 20,5) + \left(1^f,50 : \dfrac{5}{12}\right) = (15^f,30 + 19^f,68 + 6^f,75) = 41^f,73;$

$41,73 : 0,5 = 83$ litres, 46 de vin.

1763. $80^f \times 12 = 960^f; 75^f \times 8 = 600^f;$

Prix du mélange $960^f + 600^f = 1560^f$ pour $(115 \times 12) + (108 \times 8) = 2244$ litres;

Prix de vente $0^f,80 \times 2244 = 1795^f,20.$

Bénéfice $1795^f,20 - 1560^f = 235^f,20.$

1764. La part de mon frère vaut $0,25 \times 10 = 2$ fois 1/2 mon avoir.

Nous avons ensemble 1 fois $+$ 2 fois 1/2 $= 3$ fois,5 ma part.

J'ai donc $14^f : 3,5 = 4^f$ et mon frère a $4^f \times 2,5 = 10^f.$

1765. Longueur $= 1197,7 : 14,5 = 82^m,60;$

Périmètre $(82,6 + 14,5) \times 2 = 194$ mètres, 2.

1766. $58^f,50$ valent les $0,3$ du prix total;

Prix total $58^f,50 : 0,3 = 195$ fr.

Prix du mètre $195^f : 26 = 7^f,50.$

1767. $0,45 \times \dfrac{5}{9} \times \dfrac{3}{7} = 0,1071.$

1768. $40500 : 3 = 13500$ fr. pour un mois.

1250 fantassins auraient reçu ensemble $10^f \times 1250 = 12500^f;$ soit en moins $13500^f - 12500^f = 1000^f;$

La solde d'un cavalier substituée à celle d'un fantassin, diminuant cette différence de $15 - 10 = 5^f,$ la garnison compte $1000 : 5 = 200$ cavaliers et 1050 fantassins.

1769. $\dfrac{3}{5} + \dfrac{1}{7} = \dfrac{26}{35};$ Reste $\dfrac{9}{35}$ pour les prairies;

Surface totale $7,20 : \dfrac{9}{35} = 28$ hectares.

1770. Pour qu'elle marque l'heure véritable, il faut qu'elle ait une avance de 12 heures ou 720 minutes ; elle doit donc avancer encore de $720 - [(60 \times 4) + 12]$ $= 720 - 252 = 468$ minutes.

Elle sera à l'heure dans $468 : 8 = 58$ jours $\frac{1}{2}$.

1771. 1° 8 douzaines valent $12^f,50 \times \frac{8}{50} = 2$ francs.

Si le panier coûtait 10^f au lieu de $12^f,50$, soit les $\frac{100}{125}$ de son prix actuel, on aurait pour deux francs les $\frac{125}{100}$ de 8 douzaines, ou $8 \times \frac{125}{100} = 10$ douzaines.

1772. 1° $100^f + 6^f = 106^f$.
2° 100^f doivent être les 0,94 du prix de vente ;
Prix de vente $100^f : 0,94 = 106^f,38$ environ.

1773. Le 1er mettra $36 : 6 = 6$ heures ; le 2^e $36 : 4,5$ $= 8$ heures ; le 3^e $36 : 4 = 9$ heures.

Le 3e doit donc partir le 1er ; le 2e partira 1 heure plus tard ; et le 1er partira 2 heures après le second.

1774. Prix d'achat $13^f,50 \times 40 = 540$ fr. ;
Prix de vente $540^f + 41^f,40 = 581^f,40$ pour $(8,075 \times 40)$ $= 323$ kilogr. ou 646 demi-kg. ;
Prix de vente du 1/2 kg. $581^f,40 : 646 = 0^f,90$.

1775. 20 litres $\times 100 \times 3,58 = 7160$ litres de blé ;
Frais de culture $80^f \times 3,58 = 286^f,40$;
Valeur du blé $23^f \times 71,6 = 1646^f,80$.
Revenu net $1646^f,80 - 286^f,40 = 1360^f,40$.

1776. 3 heures 20 m. $= 3$ h. $\frac{1}{3} =$ ou $\frac{10}{3}$ d'heures ;

$\frac{22}{5} : \frac{11}{4} \times \frac{10}{3} = 5$ mètres $\frac{1}{3}$ en 3 heures 20 minutes.

1777. 1026 gr. $\times 0,025 = 25$ gr, 65 de sel par litre ;
30 075 $: 25,65 = 1172$ litres, 51 environ.

1778. Si 3 litres d'eau sont renfermés dans 20 litres de mélange, les 6 litres d'eau seront contenus dans 40 litres de mélange ; comme on n'a que $(15 + 6) = 21$ litres de mélange, on y ajoutera $(40 - 21) = 19$ litres de vin pur.

1779. $225^l - 39^l = 186$ litres vendus $168^f + 2^f = 170$;
Prix de vente du litre $170^f : 186 = 0^f,914$ environ.

1780. Reçu $(910^f : 14) + (738^f : 18) = 65^f + 41$; $= 106$ fr.
Reste $=$ le 1/4 de $106^f = 106 : 4 = 26^f,50$.

1781. 1° $2^f,25 : 0,15 = 15$ pelotes de 150 m. $= 2250$ mètres ;
2° 11 gr. $\times 15 = 165$ grammes.

1782. $\dfrac{9}{15} \times 6230 \times 365 = 1\,364\,370$ Kg. de pain.

1783. Prix de vente $(4^f,5 \times 130) + 15^f = 585^f \times 15^f$ $= 600^f$;
Reste $= 130 - 11 = 119$ vases.
Prix de vente d'un vase $600^f : 119 = 5^f,04$ environ ou 5^f.

1784. 2 heures 15 m. $= 135$ minutes.
1° $525^m \times 135 = 70\,875$ m. ou 90 km., 875 ;
2° $0,30 \times 135 = 40^f,50$.

1785. Il s'agit de trouver un nombre qui, multiplié par 3/4, reproduise le Dividende 12. Les 3/4 du nombre cherché étant égaux à 12, ce nombre est $12 : \dfrac{3}{4} = 16$.

1786. Paul a 4 fois c'est-à-dire $(1 \text{ fois} + 3 \text{ fois})$ la part de Léon ;
Les $127^f,50$ de différence représentent donc 3 fois la part de Léon ; celui-ci a par conséquent $127^f,50 : 3 = 42^f,50$ et Paul $42^f,50 \times 4 = 170^f$.

1787. 1° $14 \times \dfrac{3}{4} : \dfrac{5}{8} = 16$ m. 4/5 ou 16m.,80.

2° $14 : 16,8 = 0^m,833$ de la 1re pour 1 m. de la 2e.

1788. 360 litres pèsent $75^{kg} \times 3,6 = 270$ kg.

$$270 \text{ kg.} \times \frac{13}{14} \times \frac{130}{100} = 325 \text{ kg. environ de pain.}$$

1789. Une douzaine à 2^f,75 la pièce vaudrait 33^f, soit *en trop* $(33 - 31) = 2^f$;

Un poulet à 2^f,50 substitué à un poulet à 2^f,75 diminuera cette différence de 0^f,25; la marchande donnera donc 2 : 0,25 = 8 poulets à 2^f,50 et $(12 - 8) = 4$ poulets à 2^f,75.

1790. Il vendra les $(18 - 3) =$ les 15 premières pour la somme que lui coûtaient ensemble les 18 paires, soit $(11^f,25 \times 18) = 202^f,50$.

Prix de vente de chaque paire 202^f,50 : 15 = 13^f,50.

1791. $\dfrac{2}{5} + \dfrac{3}{8} = \dfrac{31}{40}$; Reste $\dfrac{9}{40}$.

Somme en caisse 630 : $\dfrac{9}{40} = 2800$ francs.

1792. $40 + 60 = 100$;

1° Le 1er nourrira le berger pendant $365 \times \dfrac{4}{10} = 146$ jours, et le 2e pendant $365 \times \dfrac{6}{10} = 219$ jours ;

2° Le 1er lui donnera 225$^f \times 0,4 = 90^f$, et le 2e 225 $\times 0,6 = 135$ francs.

1793. 56 journées à 4^f,50 valent 252^f, soit en moins $(270 - 252) = 18^f$;

$(5^f,25 - 4^f,50) = 0^f,75$;

Nombre de journées à 5^f,25 = 18 : 0,75 = 24 ;

Nombre de journées à 4^f,50 = 56 — 24 = 32.

1794. 144^f pour 18 jours = 144 : 18 = 8 francs par jour ;

6 jours 5 h. font 6 jours 1/2 ou 6 ^{j}, 5.

L'ouvrier recevra 8$^f \times 6,5 = 52$ francs.

1795. 6 j. $\times \dfrac{9}{10} \times \dfrac{32}{18} = 9$ jours 3/5, ou 9 jours 6 heures puisque la journée de travail est de 10 heures.

1796. 1° 17 Hl. $\times$ 5,32 $=$ 90 Hl, 32 de seigle ;

2° 72 Kg. $\times$ 90,32 $\times$ 2,5 $=$ 16257 Kg., 6 ou 162 quint, 576 de paille.

1797. 19^f,75 $\times$ 72 $=$ 1422 francs de velours ;

Les 0,8 de 1422^f valent 1422 $\times$ 0,8 $=$ 1137^f,6 ;

1° 1137,6 : 12 $=$ 94^m,80 de soie.

2° 1422^f $\times$ 0,2 $=$ 284^f,40 en espèces.

1798. Il revendra le kilog. 4^f $\times$ 1,15 $=$ 4^f,60 ;

Prix de vente de 15 kilog. 4^f,60 $\times$ 15 $=$ 69 francs.

1799. 187 voyageurs de 1re classe auraient payé ensemble 18^f $\times$ 187 $=$ 3366 fr., soit en trop (3366 $-$ 2958) $=$ 408^f ;

(18^f $-$ 14^f) $=$ 4^f de moins par place de 2e substituée à une place de 1re classe.

Il y avait donc 408 : 4 $=$ 102 voyageurs de 2e classe et 85 de 1re classe.

1800. (1^f,45 $\times$ 6,5 $\times$ 14) $+$ (4^f,25 $\times$ 25 $\times$ 6) $=$ 131^f,95 $+$ 637^f,50 $=$ 769^f,45 ;

(1 $-$ 0,18) $=$ 0,82 de la somme à payer.

Montant de la facture 769^f,45 $\times$ 0,82 $=$ 630^f,95.

1801. (6,4 $\times$ 4,7) : (0,28 $\times$ 0,28) $=$ 30,08 : 0,0784 $=$ 384 briques ;

Dépense (16^f,50 $\times$ 3,84) $+$ (3^f,40 $\times$ 2) $=$ 63^f,35 $+$ 6^f,80 $=$ 70^f,15.

1802. $\dfrac{1}{30} + \dfrac{1}{20} + \dfrac{1}{18} + \dfrac{1}{12} + \dfrac{1}{10} = \dfrac{6}{180} + \dfrac{9}{180} + \dfrac{10}{180}$

$+ \dfrac{15}{180} + \dfrac{18}{180} = \dfrac{58}{180}.$

Le 1er aura 34 800^f $\times$ $\dfrac{6}{68}$ $=$ 3600^f ;

Le 2^e aura 5400^f ; le 3^e 6000^f ; le 4^e 9000^f ; le 5^e 10 800^f.

1803. Poids total 75^{kg} $\times$ 37,8 $=$ 2835^{kg}.

Poids de la farine 2835 $\times$ 0,89 $=$ 2523^{kg},15 ;

Poids du son 2835 $\times$ 0,11 $=$ 311^{kg},85.

1804. 114 : 0,75 $=$ 152 bouteilles ;

Prix total $36^f + 7^f,50 + (1^f,50 \times 1,52) = 45^f,80$;

Prix de la bouteille $45^f,80 : 152 = 0^f,301$ environ.

1805. $14^f,85 + 15^f,20 + 5^f,80 + 23^f,40 + 30^f,60 = 89^f,85$;

$89^f,85 - 10^f,55 = 79^f,30$ pour la toile ;

$79,55 : 3,05 = 26$ mètres de toile.

1806. gain $(26^f,50 \times 300) = 7950^f$ par an ;

Dépense $13^f,25 \times 365 = 4836^f,25$ par an.

Économie pour 8 années $(3113^f,75 \times 8) = 24910$ francs.

Chaque fils aura $(24910 - 2500) : 6 = 3735$ francs.

1807. $90 : 5,8 = 15,51$ environ %.

1808. $54^f,30 \times 12 = 651^f,60$ par an ;

Taux $651^f,60 : 145 = 4^f,50$ environ %.

1809. La 1re partie se composera d'une part ; la 2e de 2, la 3e de 4, et la 4^e de 8 ; total 15 parts.

Une part vaut $1065 : 15 = 71$;

1re partie $= 71$; $2^e = 142$; $3^e = 284$; $4^e = 568$.

1810. Ensemble en une heure $\dfrac{16}{5} + \dfrac{10}{3} = \dfrac{98}{15}$ de lieue.

$\dfrac{490}{3} : \dfrac{98}{15} = 25$ heures.

Le 1er aura fait $\dfrac{16}{5} \times 25 = 80$ lieues ; le 2^e $\dfrac{10}{3} \times 25 = 83$ lieues $\dfrac{1}{3}$.

1811. La première épuiserait par heure les $\dfrac{1}{7,5}$ ou $\dfrac{10}{75}$ du bassin, et la 2e le $\dfrac{1}{5}$.

Total $\dfrac{10}{75} + \dfrac{1}{5} = \dfrac{1}{3}$ du bassin en 1 heure.

Le bassin serait épuisé en 3 heures.

1812. $15 + 10 = 25$ litres de mélange revenant à $0^f,64 \times 25 = 16^f$;

$0^f,60 \times 15 = 9^f$;

$16^f - 9^f = 7$ fr. pour 10 litres du second vin.

Prix du litre $7^f : 10 = 0^f,70$.

1813. $11780^f,19 =$ le prix d'achat $\times 1,15$;

Prix d'achat $11780^f,19 : 1,15 = 10243^f,64$;

Nombre de mètres $10243^f,64 : 35,25 = 290$.

1814. $78^f \times \dfrac{7,6}{32,5} = 18^f,24$; $0^f,80 \times 2,85 = 2^f,28$;

Prix de la robe $18^f,24 + 2^f,28 + 4^f,50 = 25^f,02$ ou 25^f.

1815. Le cent lui coûte $1^f,30 \times \dfrac{100}{12} = 10^f,833$.

Gain $= 12^f - 10^f,833 = 1^f,167$ sur 12^f de vente.

$1,167 : 0,12 = 9^f,725 \%$ de bénéfice.

1816. 1° $20^m,7 \times \dfrac{5}{9} = 11^m,5$ pour la 1re robe et $9^m,20$

pour l'autre ;

2° $6^f,20 \times 20,7 \times 0,97 = 124^f,50$.

1817. 1° $\dfrac{30}{7}$ de mètre ; $\dfrac{63}{5} : 3 = \dfrac{21}{5}$ de mètres ;

$\dfrac{30}{7} = \dfrac{150}{35}$; $\dfrac{21}{5} = \dfrac{147}{35}$;

La 1re fait par jour $\dfrac{150 - 147}{35} = \dfrac{3}{35}$ de mètre de plus

que la 2e.

2° $0^f,15 \times 30 = 4^f,50$ pour une journée de la 1re.

3° $0^f,07 \times 63 \times 3 = 13^f,23$ pour 3 journées de la 2e.

1818. $52^f,50 \times \dfrac{8}{5} \times (14,75 \times 2,25 \times 0,32) = 892^f,08$.

1819. 85 Ha à 560^f vaudraient 47600^f, soit en trop $(47600 - 44240) = 3360^f$;

Un Ha à 480^f substitué à un Ha à 560^f diminuera cette différence de 80^f ;

Il y a donc $3360 : 80 = 42$ Ha à 480^f, et $(85 - 42) = 43$ Hectares à 560^f.

1820. $(20^f,85 \times 30) + (15^f,40 \times 60) + (12^f,80 \times 270) = (625^f,50 + 924$ fr. $+ 3456^f = 5005^f,50$;

$5005^f,50 \times 0,97 = 4855^f,35$ à payer.

1821. $7\frac{3}{4} = \frac{31}{4} = \frac{93}{12}$; $17\frac{7}{12} = \frac{211}{12}$;

93 *douzièmes* coûtant $4^f,65$, 211 *douzièmes* coûteront

les $\frac{211}{93}$ de ce prix, soit $4^f,65 \times \frac{211}{93} = 10^f,55$.

1822. Gain $13^f,85 \times 305 = 4224^f,25$;

Dépense totale $4224^f,25 - 1079^f,40 = 3144^f,85$.

Dépense par personne et par jour $(3144,85 : 365) : 7$ $= 1^f,23$.

1823. Dépense $5^f,50 \times 600 = 3300$ francs;

$(10 + 5) = 15^f$ pour 2 pièces dont une de chaque sorte.

1824. Prix total de vente $225^f + 178^f = 403^f$;

Prix du blé $403^f - 32^f = 371^f$;

Prix de l'Hectolitre $371^f : 17,5 = 21^f,20$.

1825. 1° 12 h. $\times \frac{468}{54\frac{1}{4}} = 104$ heures ou 8 journées

$+ 8$ heures.

2° Gain par Are $15^f : 468 = 0^f,032$ environ.

Gain par jour $15^f \times \frac{54}{468} = 1^f,73$ environ.

1826. La 1re partie comprenant 1 part, la 2e en comprendra 3, la 3e 9; la 4e 180.

Total 193 parts $= 55\,198$ francs.

Une part $= 55\,198 : 193 = 286$ francs;

1re partie 286^f; 2e 858^f; 3e 2574 fr.; 4e 51 480 francs.

1827. Si tous les élèves étaient présents chaque jour, il faudrait dans l'année

$72 \times 365 = 26\,280$ rations de $0^{litre},45$;

Mais on doit retrancher de ce nombre

$$(36 \times 50) + \left(72 \times \frac{5}{6} \times 58\right) = 1800 + 3480 \text{ rations};$$

Reste $= 26\,280 - 5280 = 21\,000$ rations estimées pour $0^l,45 \times 21\,000 = 9450$ litres;

1828. $\dfrac{1}{3} + \dfrac{1}{4} = \dfrac{7}{12}$; Reste $\dfrac{5}{12}$ du total ou 10 pommes ;

Il doit prendre $10 : \dfrac{5}{12} = 24$ pommes.

1829. $(2^f,75 \times 148) + (2^f,55 \times 200) + 55^f = 407^f$ $+ 510^f + 55^f = 972^f$ pour 348 mètres ;

Prix du mètre $972^f : 348 = 2^f,80$ environ.

1830. $280^f \times 3,59 = 1005^f,20$;

$1014^f,58 - 1005^f,20 = 9^f,38$;

$9^f,38 : 134 = 0^f,07$ par kilomètre.

1831. $1^f,60 \times 136,875 = 219^f$ de viande ou de tabac ;

$219 : 12,5 = .$ kg, $52 = 17520$ grammes ;

$17\,520 : 12 = 1460$ jours $= 4$ ans 20 jours.

1832. $0^f,95 \times 47,5 \times 0,97 = 43^f,77$ ou $43^f,75$.

1833. Contour $(5^m + 4^m) \times 2 = 18$ mètres ;

Surface $18^m \times 4^m,8 = 86$ m², 40 ;

Longueur du papier $86,40 : 0,60 = 144$ mètres.

1834. 1 hectare $= 10\,000$ mètres carrés ;

1° Chemin parcouru $10\,000 : 0,25 = 40\,000$ mètres ;

2° Temps employé $40\,000 : 200 = 200$ fois 5 minutes $= 1000$ minutes $= 16$ heures 40 minutes.

1835. $154,07 : 1,42 = 108$ kg, 5 de semence ;

$108,5 : 31 = 3^{ha},5$ de prairies.

1836. 9 hg,5 $\times$ 1,05 $= 9^{hg},975$ de benzine par tonne de houille ;

$10 : 0,95 = 10$ tonnes, 526 environ ou 10526 kg. de houille.

1837. 1 kg,5 $\times 48 = 72$ kg. de beurre ;

(1 kg. $+ 0$ kg, 5 $= 1$ kg, 5 pour 2 mottes, dont une de chaque sorte ;

$72 : 1,5 = 48$ de chaque sorte ; soit en tout 96 mottes.

1838. Prix du mètre de 2ᵉ qualité $15^f \times \dfrac{4}{5} = 12$ francs

$15 + 12 = 27^f$ pour 2 mètres, dont un de chaque sorte.

$675 : 27 = 25$ mètres de chaque qualité.

1839. Si la part de la 2ᵉ valait juste les 0,45 de celle que recevra la 1ʳᵉ, le total des deux parts ne serait plus que de $12\,400^f - 220^f = 12\,180^f$, et serait égal à la part de la 1ʳᵉ *augmentée* de ses 0,45, c'est-à-dire *multipliée* par $(1 + 0,45)$ ou 1,45 ;

Part de la 1ʳᵉ $12\,180^f : 1,45 = 8400^f$;

Part de la 2ᵉ $(2400^f \times 0,45) + 220^f = 4000^f$.

1840. $91 : 13 = 7$ douzaines.

$(1^f,45 \times 12 \times 7 \times 0,8) = 97^f,44$ ou $97^f,45$.

1841. Si l'on avait pris $(25 + 18) = 43$ mètres de drap, on n'eût payé que $477^f,75 - (3^f,25 + 18) = 419,25$,

1° Prix du mètre de drap $419^f,25 : 43 = 9^f,75$.

2° Prix du mètre de soie $9^f,75 + 3^f,25 = 13$ francs.

1842. $75^f - 57^f = 18^f$ pour la façon ;

$18 : 0,75 = 24$ pantalons.

1843. Avec la lampe $\left(1^f,75 : 15\,\frac{1}{4}\right) = 0^f,1147$ de dépense par heure ;

Avec les bougies $\left(1^f,50 : 7\,\frac{1}{2}\right) = 0^f,20$ par heure ;

Économie $= 0^f,0853$ par heure avec la lampe.

1844. $\frac{2}{3} + \frac{1}{9} + \frac{1}{6} = \frac{17}{18}$; Reste $\frac{1}{18}$ valant 3 hectolitres ;

Le négociant a acheté $3\,\text{Hl} \times 18 = 54$ hectolitres de céréales ;

$23^f,50 \times 54 \times \frac{2}{3} = 846^f$; $16^f,80 \times 54 \times \frac{1}{9} = 100^f,80$;

$12^f,70 \times 54 \times \frac{1}{6} = 114^f,30$; $14^f,50 \times 3 = 43^f,50$.

Prix total d'achat $(846 + 100,80 + 114,30 + 43,50) = 1104^f,60$.

Prix de vente $23^f \times 54 = 1242$ francs ;

Bénéfice total $1242 - 1104,60 = 137^f,40$.

1845. $0^f,63 \times 225 = 141^f,75$; $0^f,65 \times 230 = 149^f,50$; $0^f,68 \times 228 = 155^f,04$.

$(225 + 230 + 228) = 683$ litres de mélange reviennent à $(141,75 + 149,50 + 155,04) = 446^f,29$;

200 litres reviennent à $446,29 \times \dfrac{200}{683} = 130^f,685$.

On les revendra $(130^f,685 \times 1,15) = 150^f,287$.

1846. 12 litres de lait pur doivent peser $(1,03 \times 12) = 12^{kg},36$.

Un litre d'eau substitué à un litre de lait pur diminue ce poids de $0^{kg},03$.

Différence constatée $12,36 - 12,3 = 0^{kg},06$;

Le lait renferme $0,06 : 0,03 = 2$ litres d'eau.

1847. $7^f,50 \times 2,64 = 19^f,80$ de port; $22^f50 \times 2,28 = 51^f,30$ d'entrée;

Prix total du vin $(167^f,50 + 19^f,80 + 51^f,30 - 6^f,30) = 232^f,30$;

Le litre revient à $232^f,30 : 228 = 1^f,019$ environ.

1848. La 3ᵉ aura $(4^e + 340)$;

La 2ᵉ aura $(3^e + 240)$ ou $(4^e + 340 + 240) = (4^e + 580)$;

La 1ʳᵉ aura $(2^e + 160)$ ou $(4^e + 580 + 160) = (4^e + 740)$.

Total $= 4^e + (4^e + 340) + (4^e + 580) + (4^e + 740) = 4$ fois la 4ᵉ part et 1660 fr en plus $= 6490^f$;

4 fois la 4ᵉ part $= 6490 - 1660 = 4830$ francs;

La 4ᵉ personne aura $(4830 : 4)$ $1207^f,50$;

La 3ᵉ $(1207^f,50 + 340^f) = 1547^f,50$;

La 2ᵉ $(1547^f,50 + 240^f) = 1787^f,50$;

La 1ʳᵉ $(1787^f,50 + 160) = 1947^f,50$.

1849. 12 km $= (1500 \times 12) = 18\,000$ pas;

$18\,000 : 100 = 180$ minutes, pour les heures de jour;

La vitesse du voyageur n'étant plus, le soir, que les $\dfrac{5}{6}$ de ce qu'elle est dans la journée, il emploiera les $\dfrac{6}{5}$ de 180 minutes $= 216$ minutes ou 3 heures 36 minutes. Il partira à $(12^h - 3^h36')$ ou $(11^h60' - 3^h36') = 8$ heures 24 minutes.

1850. Bénéfice net $1895^f - 114^f,60 = 1780^f,40$ représentant les 0,0275 de la valeur de la propriété.

Valeur $= 1780^f,40 : 0,0275 = 64741^f,80$ environ.

1851. Circonférences des grandes roues $1^m,2 \times 3,1416 = 3^m,76992$.

Nombre de tours $7539,84 : 3,76992 = 2000$.

Le diamètre des petites roues étant les 10/12 de celui des grandes, les petites roues font les 12/10 de 2000 tours, c'est-à-dire $2000 \times \dfrac{12}{10} = 2400$ tours.

1852. $\dfrac{2}{5} = 0,4$; $(0,4 + 0,35) = 0,75$; reste $= 0,25$ de la perche;

Longueur totale $0^m,75 : 0,25 = 3$ mètres.

1853. $2090 \times \dfrac{6}{8} \times \dfrac{8}{7} \times \dfrac{10,5}{11} = 1710$ mètres.

1854. Elle marquera l'heure véritable quand elle aura encore une avance de 11 heures un quart ou 675 minutes.

Cela aura lieu dans $675 : 15 = 45$ jours.

1855. Elle a rebondi la 5e fois aux $\dfrac{4}{5} \times \dfrac{4}{5} \times \dfrac{4}{5} \times \dfrac{4}{5} \times \dfrac{4}{5} = \dfrac{1024}{3125}$ de la hauteur à laquelle on l'avait lancée.

Cette hauteur était $\left(4^m,755 : \dfrac{1024}{3125}\right) = 15$ mètres.

1856. $1^f,30 \times 2 = 2^f,60$ de viande pour 12 portions;

1 kg, $30 \times \dfrac{2}{3} = 0$ kg, 8666 de viande désossée et cuite;

$866,6 : 12 = 72$ gr, 22 par personne et par repas;

$2^f,60 : 12 = 0^f,222$ par portion.

1857. $39 \text{ m} \times \dfrac{17,5}{10} \times \dfrac{85}{65} = 89$ m, 25 de toile.

1858. $(29^f \times 34) + 450^f = 1436^f$;

Valeur du terrain $1436^f \times 2 = 2872$ francs.

Le 2ᵉ donnera 1436 : 25 = 57 ares, 44 de vigne.

1859. 144 : 3 = 48 chemises = 4 douzaines.

$2^f,15 \times 144 = 309^f,60$ de toile;

$1^f,75 \times 48 = 84^f$ de façon;

$309^f,60 + 84^f = 393^f,60$ pour les 48 chemises;

$393^f,60 : 45 = 8^f,20$ par chemise.

1860. 0 kg, 125 × 100 × 0,4 = 5 kg. de beurre.

$1^f,40 \times 2 \times 5 = 14$ francs de beurre;

$0^f,50 : 2 \times 100 = 25^f$ de lait.

La vente du lait produit 11 francs de plus que la vente du beurre.

1861. $\dfrac{4}{5} - \dfrac{2}{3} = \dfrac{2}{15}$ d'hectolitre par heure;

$50^f : \dfrac{2}{15} = 375$ minutes ou 6 heures 15 minutes = 6 heures 1/4.

1862. $1^m,85 \times 0^m,75 \times 0^m,58 = 0^{m3},80\,475 = 804^{litres},75$;

$2^l - 1^l,4 = 0^l,6$ par minute;

$804,75 : 0,6 = 8047,5 : 6 = 1401$ minutes, 25 centièmes = 23 heures 21 minutes un quart.

1863. 100 kg, de farine convertis en pain seront vendus $(81^f : 1,5) + 9^f = 54^f + 9^f = 63^f$;

100 kg de farine donnent $100 \times \dfrac{6}{5} = 120$ kg. de pain;

Prix du kg. de pain $63^f : 120 = 0^f,525$.

1864. $71^f,25 - 3^f = 68^f,25$ de calicot;

$68,25 : 1,4 = 48^m,75$.

$48,75 : 3,25 = 15$ chemises;

$71^f,25 : 15 = 4^f,75$;

$4^f,75 + 2^f = 6^f,75$ prix de vente d'une chemise.

1865. Prix d'achat $10^f,50 = 325,2 = 3414^f,60$;

Prix total de vente $3414,60 + 1043,50 = 4458^f,10$;

$12^f,10 \times 325,2 \times \dfrac{3}{5} = 2360^f,95$;

4458,10 — 2360,95 = 2097^f,15 pour les 130^m,08 restants ;

Prix de vente du mètre 2097,15 : 130,08 = 16^f,10 environ.

1866. 12 $\times$ 180 = 2160 douzaines achetées pour 137^f,50 et revendues pour 0^f,15 $\times$ 2160 = 324^f ;

Bénéfice 324^f — 137^f,50 = 186^f,50 sur 137,50 d'achat ou (186,5 : 1,375) = 135,64 environ pour cent.

1867. 0^f,40 $+$ 0^f,70 $+$ 0^f,85 = 1^f,95 de retenue sur (210^{fr},40 $+$ 430^f,70 $+$ 612^f,85) = 1253^f,95 :

1° Retenue pour cent = 1^f,95 : 12,5395 = 0^f,155 ;

2° 0^{fr},40 : 2,104 = 0,19 0/0 sur la première ;

0^{fr},70 : 4,307 = 0,162 0/0 sur la deuxième ;

0^{fr},85 : 6,1285 = 0,138 0/0 sur la troisième.

C'est donc la première qui a subi la plus forte retenue.

1868. 1 hectolitre de houille donne (230^l $\times$ 80) = 18400 litres ou 18^{m3},4 de gaz ;

245000 : 18,4 = 13315 kilogrammes de houille.

1869. (7,05 $\times$ 3,5) = 24 hectolit., 675 de blé par hectare et pour 220 litres de semence ;

1° Un litre de semence produit (2467,5 : 220) = 11^{lit},215 de blé.

2° 200 : 24,675 = 8 hectares, 1053 pour 200 hectolitres.

1870. 1° 50 litres de lait pèsent (10^{kg},3 $\times$ 5) = 51^{kg},5, et donnent (51,5 $\times$ 0,07) = 3^{kg},605 de viande valant (1^f,80 $\times$ 3,605) = 6^f,45 ;

2° Pour produire 10 kilogrammes de viande, il faut

$$50^l \times \frac{10}{3,605} = 138 \text{ litres, 70 environ.}$$

1871. 49^m $\times$ 0^m,8 = 39^{m2},2 qui ont fourni 59 litres ;

1° On peut espérer $59 \times \dfrac{20400}{39,2} = 30704^l,08$;

2° Volume 30 mètres cubes, 704^{dm3},80^{cm3}.

1872. L'eau qui l'emplit pèse (2,06 — 0,95) = 1^{kg},11 ;

si l'on enlève les 0,4, il en restera les 0,6 qui pèseront
$$1,11 \times 0,6 = 0^{kg},666 ;$$
le poids du vase plein aux 0,6 sera de $0^{kg},95 + 0^{kg},666$
$= 1^{kg},656.$

1873. 1° $8^{m},5 \times \dfrac{6}{8} = 6^{m},375$ de doublure ;

2° $(6^{f},25 \times 8,5) + (0^{f},90 \times 6,375)$
$= 53^{f},125 + 5^{f},7375 = 58^{f},8625 ;$
on payera $58^{f},8625 \times (1 - 0,025) = 58^{f},8625 \times 0,975$
$= 57^{f},40.$

1874. $3^{f} \times 5 \times 85 = 1275$ francs de blé ;
$1^{f},80 \times 5 \times 42 = 378$ francs d'orge.
Prix de revient $(1275 + 378) = 1653^{f}$ pour $(85 + 42$
$= 127$ hectolitres de mélange ;
$127^{hect} = 635$ doubles décal.
Prix de vente $(1653^{f} \times 1,18) = 1950^{f},54 ;$
$1950^{f},54 : 635 = 3^{f},07$ le double décalitre.

1875. $327,5 : 31,25 = 10$ fois, 48 *cent* kilogrammes
$= 1048$ kilog. de paille ;
$1048 : 47 = 22$ hect., 29 d'avoine.

1876. Prix d'achat $(1^{f},50 \times 10) \times 0,95 = 14^{f},25$ pour
$13 \times 10 = 130$ pelotes de fil.
Au détail, on aurait payé $0^{f},20 \times 130 = 26$ francs :
Économie $(26^{f} - 14^{f},25) = 11^{f},75.$

1877. $325^{kg} \times 6 \times 14 = 27\,300$ kilogrammes de foin ;
$27\,300 : 25 = 1092$ ares $= 10$ hectares, 92 de terrain.

1878. Une paire de bas pèse $2^{kg},16 : 12 = 0^{kg},18 ;$
$7^{f},50 \times 0,18 = 1^{f},35$ de laine par paire.
Gain par paire $3^{f},50 - 1^{f},35 = 2^{f},15 ;$
$21 \times 12 = 252$ bas ou 126 paires par an ;
Bénéfice par an $2^{f},15 \times 126 = 270^{f},90 ;$
Somme consacrée aux bonnes œuvres $0^{f},45 \times 52$
$= 23^{f},40.$
Reste $(270^{f},90 - 23^{f},40) = 247^{f},50$ par an.

1879. 1° $207 \times \dfrac{52}{6} = 1794$ francs par an ;

Économies $30^f \times 12 = 360$ francs par an ;
Dépense annuelle $1794 - 360 = 1434$ francs ;
Dépense quotidienne $1434^f : 365 = 3^f,92$ environ.

1880. Revenu net $= 300 - 22 = 278$ francs pour 7500 ;
Revenu pour cent $278 : 75 = 3^f,706$.

1881. Pendant que le bateau descendant parcourra 5 kilomètres, le bateau montant en parcourra 2 ; ensemble 7.

Le 1er bateau parcourra donc les $\dfrac{5}{7}$ et le 2e les $\dfrac{2}{7}$ de 2^{km},1.

La rencontre aura lieu à $2,1 \times \dfrac{5}{7} = 1^{km},5$ du point de départ du bateau descendant, et à $2,1 \times \dfrac{2}{7} = 0^{km},6$ du point de départ de l'autre.

1882. Prix total de vente $360^f \times 1,045 = 376^f,20$.
$(376^f,20 - 178^f,20) = 198$ fr. pour les 18 mètres restants ;
Prix de vente du mètre $198 : 18 = 11$ francs.

1883. $6\dfrac{3}{4} = \dfrac{27}{4}$; $4\dfrac{1}{2} = \dfrac{9}{2} = \dfrac{18}{4}$;

1 heure 40 minutes $= 100$ minutes.

1re vitesse $= \dfrac{315}{27}$; 2e vitesse $= \dfrac{375}{18}$;

Temps $100^m \times \dfrac{315}{27} : \dfrac{375}{18} \times \dfrac{640}{240} = 149^m 1/3 = 2$ heures 29 minutes 20 secondes.

1884. Prix de la toile $1^f,75 \times 2,5 \times 12 \times 5 = 263^f,50$ pour 60 chemises ;
$60 : 2 = 30$ fois 3 jours $= 90$ jours ou $(90 : 6) = 15$ semaines à 10^f pour 150 francs.

1° Dépense totale $262^f,50 + 150^f = 412^f,50$;
2° Prix de revient d'une chemise $412^f,50 : 60 = 6^f,875$.

1885. $29:3 = \dfrac{29}{3}$ par heure pour la 1re ;

$47 : 5\dfrac{1}{2} = \dfrac{94}{11}$ pour la 2e ;

$35\dfrac{1}{4} : 4 = \dfrac{141}{16}$ pour la 3e ;

Total par heure $\dfrac{29}{3} + \dfrac{94}{11} + \dfrac{141}{16} = \dfrac{14\,269}{528}$ d'hectolitres.

$430^{\text{m}^3} = 430^{\text{kl}} = 4300$ hectolitres ;

$4300 : \dfrac{14\,269}{528} = 159$ heures 6 minutes.

1886. Il touche les $\dfrac{19}{20}$ de 1000 francs, soit 950 francs ;

Recette totale $950^{\text{f}} + 250^{\text{f}} + 150^{\text{f}} = 1350$ francs par an.

Dépense pour la nourriture $1350 \times \dfrac{3}{5} = 810$ francs.

1er reste $= 540$ francs.

Dépense pour l'habillement $540 \times \dfrac{2}{3} = 360$ francs.

Frais divers $\left(540 \times \dfrac{1}{3}\right)$ ou $(540^{\text{f}} - 360^{\text{f}}) = 180$ francs.

1887. $45^{\text{f}} \times 35 = 1575^{\text{f}}$ pour la composition ;

$12^{\text{f}} \times \dfrac{35}{500} = 0^{\text{f}},84$ de papier par exemplaire ;

Le cartonnage et le papier coûtent ensemble $0^{\text{f}},84 + 0^{\text{f}},46 = 1^{\text{f}},30$ par exemplaire ;

Reste $(3^{\text{f}},50 - 1^{\text{f}},30) = 2^{\text{f}},20$ par exemplaire ;

$1575^{\text{f}} + 125^{\text{f}} + 500^{\text{f}} = 2200$ francs payés avec $2200 : 2,20 = 1000$ exemplaires.

1888. $124^{\text{m}},75 \times 84^{\text{m}},25) = 10510^{\text{m}^2},1875 = 105$ ares, 101875 ;

Valeur de la prairie $123^{\text{f}} \times 105,101875 = 12927^{\text{f}},53$;

Prix du foin $51^{\text{f}} \times 5,83 = 297^{\text{f}},33$;

Rapport pour cent $297^{\text{f}},33 : 129,2753 = 2^{\text{f}},30$ environ.

1889. 3 ans et 6 jours $= 1086$ jours ;

100^f à $4^f,50$ 0/0 valent au bout de 1086 jours

$$100^f + \left(4^f,50 \times \frac{1086}{360}\right) = 100^f + 13^f,575 = 113^f,575 ;$$

1 fr. placé dans les mêmes conditions devient $1^f,13575$;
Capital placé $4876,55 : 1,13575 = 4293^f,70$.

1890. 35 mois $-$ 18 mois $= 17$ mois ;

Intérêt pour 17 mois $(17625 - 16350) = 1275$ francs.

Intérêt pour 18 mois $1275^f \times \dfrac{18}{17} = 1350$ francs, et pour

un an 900 francs ;

1° Capital placé $(16350 - 1350) = 15000$ francs ;
2° Taux $= 900 : 150 = 6$ 0/0.

1891. Perte pour 9 mois $= 0,04 \times \dfrac{9}{12} = 0,03$ du poids ;

Reste $=$ les $0,97$ du poids ;

9 mois après la récolte, 22 francs sont le prix de $0^{hl},97$
de blé ;

Intérêt de 22^f pour 9 mois $\left(0^f,06 \times 22 \times \dfrac{9}{12}\right) = 0^f,99$;

Prix de vente de $0^{hl},97 = 22^f + 0^f,99 + 0^f,25 = 23^f,24$;
Prix de l'hectolitre $(23^f,24 : 0,97) = 23^f,95$ environ.

1892. Du 12 juillet au 12 novembre, il y a 4 mois
ou 1/3 d'année ;

Intérêt de 100^f pour 4 mois $= 6 : 3 = 2^f$;
100^f payables dans 4 mois valent 98^f ;
1^f vaut, dans les mêmes conditions, $0^f,98$;
Le banquier donnera $0^f,98 \times 1875 = 1837^f,50$.

1893. 1° 6 hommes et 4 chevaux comptent pour $6 + 2$
$= 8$ hommes ;

8 hommes et 3 chevaux comptent pour $8 + 1,5$
$= 9^h,5$;

2° 8^h pendant 15^j équivalent à 1^h pendant 120 jours ;
$9^h,5$ pendant 12^j équivalent à 1^h pendant 114 jours ;
10^h pendant 9^j équivalent à 1^h pendant 90 jours ;

Le 1er paysan recevra $180^f \times \dfrac{120}{324} = 66^f,66$;

Le 2e — — $63^f,33$;

Le 3e — — $50^f.$

Total. 180 francs.

1894. Escompte $2560^f - 2480^f,64 = 79^f,36$;
Intérêt annuel de 2560^f à 4 % $= 102^f,40$;
$79,36 : 102,4 = 9$ mois 9 jours.

1895. Intérêt $32 \times 27,4 = 876^f,80$ pour 99 mois ;

Intérêt annuel $876^f,80 \times \dfrac{12}{99} = 106^f,28.$

Capital placé $106,28 : 5 = 21$ fois, 256 *cent* francs $= 2125^f,60.$

1896. $18^f,5 \times 1507 = 27\,879^f,50$;

$27\,879^f,50 \times \dfrac{2}{5} = 11\,151^f,80$;

100^f à 6 % valent au bout de 6 mois $100^f + 3^f = 103^f.$
Le propriétaire aura $1^f,03 \times 11151,8 = 11\,486^f,35.$
1897. Prix d'achat $18^f,75 \times 31 = 581^f,25$;
Gain sur 14 m. $= 18^f,75 \times 0,11 \times 14 = 28^f,875.$
Gain total $28^f,875 + 29 = 57^f,875$ sur $581^f,25$ d'achat.
Gain pour cent $57,875 : 5,8125 = 9^f,95$ environ.

1898. La 1re fois le fût plein contenait $225 \times \dfrac{13}{15}$ $= 195$ litres de vin et $(225 - 195) = 30$ litres d'eau ;

On a tiré 45 litres sur 225, c'est-à-dire les $\dfrac{45}{225}$; restent

les $\dfrac{180}{225}$ ou les $\dfrac{4}{5}$ du mélange ;

Les $\dfrac{4}{5}$ de 195 litres $= 156$ litres de vin ;

Si l'on achève d'emplir avec de l'eau, on obtient

225 litres de mélange qui n'ont que la valeur de $1^{lit},56$ de vin à 42^f; c'est-à-dire $65^f,52$;

Prix du litre de mélange $65^f,52 : 225 = 0^f,291$ environ.

1899. Bénéfice par hectare, sans tenir compte de la location

$$(22^f,50 \times 18,6) - 175^f,80 = 418^f,50 - 175^f,80 = 242^f,70;$$

Bénéfice sur $3^{hec},65 = 242^f,70 \times 3,65 = 885^f,855;$

Location $24^f \times \dfrac{365}{30} = 292^f;$

Bénéfice net $885^f,85 - 292^f = 593^f,85.$

1900. Nous allons donner la solution telle que la demande l'énoncé du problème; mais nous ferons remarquer d'abord que, la Caisse d'Épargne n'acceptant pas de prêt supérieur à 1000 francs, le surplus des sommes déposées au nom de l'enfant, et augmentées des intérêts calculés année par année, aurait été, à partir de la 9ᵉ année, converti en *rentes sur l'État*. Le taux légal de cette valeur est 5 %, mais le cours en est variable; de sorte qu'il faut faire un calcul spécial pour en trouver le taux réel d'après le *cours de la Bourse* que publient chaque jour les journaux.

Valeurs successives des sommes placées :

1° Au commencement de la 1ʳᵉ année 100 francs;

A la fin de la 1ʳᵉ année $100^f + 3^f,50 = 103^f,50;$

2° Au commencement de la 2ᵉ année $103^f,50 + 100^f$
$= 203^f,50;$

A la fin de la 2ᵉ année $203^f,50 + (0^f,035 \times 203)$
$= 210^f,60.$

3° Au commencement de la 3ᵉ année $210^f,60 + 100^f$
$= 310^f,60;$

A la fin de la 3ᵉ année $310^f,60 + (0^f,035 \times 310)$
$= 321^f,45;$

. . . .

. . . .

4° Au commencement de la 20ᵉ année 2731ᶠ,91 + 100ᶠ
    = 2831ᶠ,91 ;
   A la fin de la 20ᵉ année 2831ᶠ,91 + (0ᶠ,035 × 2831)
    = 2931ᶠ

Ainsi le jeune homme posséderait à la fin de la 20ᵉ année 2931ᶠ; si l'on ajoute le versement annuel de 100ᶠ,
cette somme devient au commencement de la 21ᵉ année
3031 francs.

SYSTÈME MÉTRIQUE

EXERCICES.

Notions sur la science des mesurages.

1. Le système métrique est l'ensemble des mesures qui ont pour base le mètre.

2. La même quantité, la même valeur est toujours exprimée en termes semblables ou équivalents qui permettent d'en avoir une idée nette et exacte, et non plus en aunes, en setiers, en boisseaux, etc., dont la grandeur variait d'une province à une autre.

3. L'uniformité du rapport entre l'unité et les multiples ou les sous-multiples, facilite les opérations et permet de réduire rapidement une quantité métrique d'une unité d'un ordre à une unité d'un autre ordre, et d'établir promptement et clairement la concordance entre les unités des diverses espèces de mesures.

4. 1° Mesurer, c'est compter combien de fois une certaine quantité, appelée unité, est contenue dans une autre de même espèce, plus grande ou plus petite.

2° Une mesure est un instrument qui sert à évaluer les quantités.

3° On appelle quantité ou grandeur, tout ce qu'on peut

mesurer, compter, évaluer, déterminer, augmenter ou diminuer.

4° On a surtout besoin de déterminer les longueurs, les surfaces, les volumes, les contenances, les poids et les valeurs.

5° Une unité est une des choses que l'on compte; c'est une quantité à laquelle on compare une autre quantité de même espèce.

5.

ESPÈCES DE MESURES	UNITÉS	DÉFINITION DE L'UNITÉ
1° Longueur......	Mètre.........	10 000 000° partie du quart du méridien terrestre.
2° Surface	Mètre carré..	Carré d'un mètre de côté.
3° Volume	Mètre cube..	Cube d'un mètre d'arête ou côté.
4° Capacité......	Litre.........	Contenance d'un décimètre cube.
5° Poids.........	Gramme.....	Poids d'un centimètre cube d'eau distillée.
6° Monnaie......	Franc	Pièce cylindrique d'argent, pesant 5 grammes, contenant les 0,835 de son poids d'argent pur et les 0,165 de cuivre.

Nota. On peut encore ajouter au tableau précédent :

1° Les mesures agraires, dont l'unité, l'are, est une surface équivalente à 100 mètres carrés;

2° Les mesures pour les bois de chauffage et de construction, dont l'unité, le stère, est un volume équivalent au mètre cube.

6. 1º Le mètre carré se rattache au mètre par la longueur de son côté;

2º Le mètre cube se rattache au mètre par la longueur de son arête;

3º Le litre se rattache par son volume au décim. cube, qui est lié lui-même au mètre par la longueur (1 décimètre) de son côté;

4º Le gramme se rattache au centimètre cube, qui lui-même est lié au mètre par la longueur (1 centimètre) de son arête;

5º Le franc se rattache au mètre par son diamètre de 23 millimètres; et par son poids, il est lié au gramme qui se rattache lui-même au mètre.

Nota. On peut ajouter :

1º L'are se rattache au mètre carré qui, lui-même, est lié au mètre;

2º Le stère se rattache au mètre par son volume de un mètre cube.

7. Les multiples et les sous-multiples décimaux peuvent être pris chacun à volonté pour unité, et ce changement d'unité se fait par une simple multiplication ou division par 10, 100, 1000, etc.

8. La nomenclature du système métrique se compose de 13 mots, savoir :

Mètre, are, stère, litre, gramme, franc; Déca, Hecto, Kilo, Myria; déci, centi, milli.

9. Dm $=$ 10 m; Hg $=$ 100 gr; Kl $=$ 1000 l; Dm² $=$ carré d'un Décamètre ou 10 m. de côté; Hm² $=$ carré d'un Hm. ou 100 m. de côté; dl $=$ dixième partie du litre; mètre cube $=$ cube d'un mètre d'arête; Mm $=$ 10 000 m; cl. $=$ centième partie du litre; mg $=$ millième partie du gramme; centimètre cube $=$ cube d'un centim. d'arête; Hectare $=$ 100 ares; centiare $=$ centième partie d'un are.

10. 100 l $=$ Hl; 10 gr $=$ Dg.; 1000 m $=$ Km; 10 m

= Dm. ; carré de 1 Dm. de côté = Décam. carré ; cube d'un mètre de côté = mètre cube ou m^3 ; carré de 1 Hm. de côté = Hm^2 ; 1000 l = Kl ; 10 000 m = Mm ; 10e partie d'un gr = décigr ; 100e partie d'un franc = centime ; 1000e partie d'un mètre = millimètre ; 100e partie d'un litre = centilitre ; un carré d'un dm. de côté = dm. carré ou dm^2 ; cube d'un centimètre de côté = centim. cube.

11. Les mesures effectives sont les instruments dont on se sert réellement pour les mesurages.

12. Pour faciliter les mesurages.

13. Mesures effectives de longueur : Décamètre, double mètre, mètre, demi-mètre, double décimètre et décimètre.

14. Mesure effective de volume : le stère.

15. Mesures effectives de capacité : Hectolitre, demi-Hectolitre, double Décalitre, Décalitre, demi-Décalitre, double litre, litre, demi-litre, double décilitre, décilitre, demi-décilitre, double centilitre, centilitre.

16. Mesures effectives de poids : 50 Kg ; 20 Kg, 10 Kg ; 2 Kg ; 1 Kg. ; demi-Kg ; double Hg ; Hg ; demi-Hg ; double Dg ; Dg ; demi-Dg ; double gramme, gramme, demi-gr ; double dg ; décigr ; demi-dg ; 2 centigr, 1 centig, 5 milligr, 2 mgr, 1 mgr.

17. Pièces de monnaie : or, 100 f., 50 f., 20 f., 10 f., 5 f. ;

Argent : 5 f., 2 f., 1 f., 50 centimes, 20 centimes ;

Bronze : 10 centimes ; 5 centimes ; 2 centimes ; 1 centime.

18. La chaleur s'évalue en degrés au moyen du thermomètre ;

Le temps s'évalue en secondes, minutes, heures, jours, etc., au moyen des montres, des pendules, des cadrans solaires, etc.

19. 1° le kilogr. ; 2° le mètre ; 3° le millimètre ; 4° le Décam. ou l'Hectomètre ; 5° le décilitre ou le centilitre ;

6º le mètre cube ; 7º le centime ; 8º le décim. cube ; 9º le décim. ou le centimètre ; 10º le gramme.

20. Les avantages réels résultant de l'adoption du système métrique en France, sont :

L'uniformité des mesures dans le pays entier ;

Le rapport de chaque mesure à la mesure type qui est le mètre ;

La concordance des mesures avec le système décimal usité en France ;

Le petit nombre (13) des mots composant la nomenclature complète des unités métriques, de leurs multiples et de leurs sous-multiples.

NOVEMBRE.

MESURES DE LONGUEUR.

21. 7 Km $=$ 7000 m. $=$ 70 Hm $=$ 700 Dm. $=$ 70 000 dm.

22. 3 Dm $=$ 30 m $=$ 3000 cm $=$ 0Hm,3 $=$ 0Km,03.

23. 5748 m $=$ 5Km,748 $=$ 574Dm,8 $=$ 57Hm,48 $=$ 57 480 dm $=$ 5 748 000 mm.

24. $50^m + 690^m + 72^m + 8200^m + 3000^m = 12\,012$ mètres.

25 4697 m $+$ 2489 m $+$ 8076 m $+$ 70 856 m $=$ 86 118 mètres $=$ 81Km,118.

26. 92 075 m $+$ 3887 m $+$ 26 360 m $+$ 8509 m $+$ 6728 m $+$ 38 570 m $=$ 176 129 mètres.

27. 2650 m $+$ 3820 m $+$ 98 m $+$ 7040 m $=$ 13 608 mètres.

28. 587,5 $+$ 872,09 $+$ 26,36 $+$ 790,38 $=$ 2276Hm,33.

29. $2056 + 483\,200 + 56\,370 + 285 + 720\,520$
$= 1\,262\,431$ cm $= 1262$Dm,431 $= 126$Hm,2431.

30. $23\,076,3 + 5205,09 + 6348,3 + 532,083 + 8730,08$
$= 43\,891$m,853.

31. 2383 dm,4 $+ 8054,7 + 50\,984,9 + 642,85 + 306,58$
$= 62\,372$ dm,43 $= 62$Hm,37243.

32. 384 cm $+ 206,7 + 52,8 + 3639 + 247 + 80\,937$
$= 85\,466$cm,5 $= 85$Dm,4665.

33. 2Hm,878 $+ 3,059 + 4,885 = 10$Hm,822.

34. 708 m $- 686$ m $= 22$ mètres.

35. $3750,87 - 2946,8 = 804$Dm,07.

36. $8000 - 3708,5 = 4291$ dm,5.

37. $159606 - 98760,5 = 60845$ cm, 5.

38. $3703^m,8 + 5209^m,006 - 7030^m,06 = 1882^m,746$
$= 18$Hm,82746.

39. $52^m,05 + 38^m,09 - 0^m,045 = 90^m,095.$

40. $(0^m,023 + 0^m,027) = 0^m,05$;
$0^m,05 \times 20 = 1$ mètre.

41. Longueur totale $(53,8 + 49,3 + 53) = 156$ mètres, 10 ;
Valeur $2^f \times 156,1 = 312$ fr., 20.

42. $(20,5 + 15,5 + 17,8) = 53^m,80$ pour les 3 premières ensemble ;
La 4e a $(65 - 53,8) = 11^m,20.$
La 1re a payé $112^f,75$; la 2^e $85^f,25$; la 3^e $97^f,90$; la 4^e $61^f,60.$

43. $1^m,25 \times 35 = 43^m,75$;
$90^m - 43^m,75 = 46^m,25.$

44. 35Mm,5 $- 10$Mm,98 $= 24$Mm,52.

45. Vendu les $(0,2 + 0,4) =$ les $0,6$;
Reste $= 0,4$ de $48^m,20$;
Valeur $1^f,35 \times 48,2 \times 0,4 = 26^f,028.$

46. $30,78 \times 0,85 = 26$Hm,163 ;
La 2e rue a $(26,163 + 6) = 32$Hm,163.

47. $0^m,18 \times 215 = 38^m,70.$

48. $(0^m,45 \times 17) = 7^m,65$;

$7^m,65 + 0^m,5 = 8^m,15$.

49. $50^m,8 \times 15 = 762$ mètres.

50. $1050^m \times 0,6 = 630$ m. à 150^f ; dépense. $94\,500^t$;

$\quad\quad 1050^m \times 0,4 = 420$ m. à 220^f ; dépense. $92\,400^f$;

$$\text{Dépense totale. . . . } 186\,900\,\text{fr.}$$

51. 10 m. $+$ 2 m. $+$ 1 m. $+$ $0^m,5 + 0^m,2 + 0^m,1$ $= 13^m,80$.

52. $(700^m,805 - 170^m,08) = 530^m,725$;

$530^m,725 \times 15,3 = 8120^m,0925$.

53. Le 1er donne par heure $70^m,5 : 5 = 14^m,50$ de toile, et le 2^e $37^m,5 : 3 = 12^m,50$; ensemble en 1 heure $= 26^m,60$;

Ensemble en 8 heures $(26^m,60 \times 8) = 212^m,80$.

$212,80 : 53,2 = 4$ pièces de toile.

54. $0^f,95 \times 0,9 = 0^f,855$.

55. Distance de la Terre au Soleil $15\,339\,513$Myr,6.

Distance de la Terre à la Lune 38196 Myriamètres.

56. $0^f,28 \times 38,07 \times 3,5 = 37^f,308$.

57. $(270,8 + 106) \times 2 = 753^m,60$ de périmètre.

58. $105^m \times 2 = 210^m$ pour la longueur totale des deux parapets ;

$210 : 3 = 70$ places en tout.

59. 1000 Km $: 90 = 111$Km.$111... = 111\,111$ mètres, 111....

60. 111Km,$111 \times 14 = 1555$Km,55.

61. $2220 : 111 = 20$ degrés de latitude.

62. $51^o,08 - 42^o,3 = 8$ degrés, 78 ;

Distance 111Km,$111 \times 8,78 = 975$Km,55 environ.

63. 111Km,$111 : 25 = 4$Km,444...

64. Distance $(4$Km,$444 \times 15,5) = 68$Km,885 environ.

65. $1^m,949\,036 \times 2000 = 3898^m,072 = 3$Km,898072,

66. 11Myr,$1111 : 20 = 0$Myr,555.

67. $38 : 4,75 = 8$ heures.

68. Un pied $= 1^m,949036 : 6 = 0^m,32483 = 32^{cm},48$;
Un pouce $= 32^{cm},483 : 12 = 2^{cm},707$.
Une ligne $= 2^{cm},707 : 12 = 0^{cm},225 = 2^{mm},25$ environ.

69. Chacune des 3 dimensions se trouve répétée 4 fois;
Somme des 12 arêtes $(14,6 + 10,05 + 5^m,30) \times 4 = (29^m,95 \times 4) = 119^m,80$.

70. On compte $(11 \times 11) = 121$ tiges verticales $+ (11 \times 11) = 121$ tiges horizontales dans un sens, $+ (11 \times 11) = 121$ tiges horizontales perpendiculaires aux précédentes :

Longueur totale $(121 \times 3) = 363$ décimètres $= 36^m,30$ de fil de fer.

DÉCEMBRE

MESURES DE SURFACE PROPREMENT DITES.

71. $8 \ Hm^2 = 80 \ Dm^2 = 8000 \ m^2 = 800000 \ dm^2$.

72. $534 \ Dm^2 = 5 Hm^2,34 = 53400 \ m^2 = 5340000 \ dm^2$.

73. $27486 m^2 = 274 Dm^2,86 = 2 Hm^2,7486 = 2748600 dm^2$.

74. $8 \ Hm^2 \times 0,25 = 2 \ Hm^2 = 2000000 \ dm^2$.

75. $365 \ m^2 + 84700 + 76208 + 2756 = 164029 \ m^2$.

76. $46387 \ m^2 + 28509 + 8672 + 710869 + 60\,052 = 854\,489$ mètres carrés.

77. $27 \ Dm^2 : 1000 = 0 Dm^2,027 = 27000$ centim. carrés.

78. $30970 \ m^2 + 5803 + 24815 + 2028729 + 70569 = 2160886 \ m^2 = 216 Hm^2,0886$.

79. $32964 \ m^2 + 58750 + 96430 + 2059000 + 8728 + 2369260 = 4625132 \ m^2 = 462 Hm^2,5132$.

80. $25 Dm^2,5643 + 206,8905 + 10276, 0196 + 24500,$

$6908 = 35009\text{Dm}^2,1652 = 350\text{Hm}^2,091652 = 350091652$ décim. carrés.

81. $34560\ \text{m}^2 + 25 + 4500000 + 240550 + 3850 = 4778985$ cent. carrés $= 477\text{m}^2,8985$.

82. $729 \times 534 = 389286\ \text{dm}^2 = 38\text{Dm}^2,9286$.

83. $470450\ \text{dm}^2 + 27200,9 + 4060300 + 95000 + 6820 + 0,47 = 4659771\text{dm}^2,37 = 465\text{Dm}^2,977137$.

84. $30580\ \text{m}^2 - 4906\ \text{m}^2 = 25674\ \text{m}^2 = 2\text{Hm}^2,5674$.

85. Le 2e a $80700 - 35209 = 45491\ \text{m}^2$;
Le 1er vaut $3^f,50 \times 35209 = 123231^f,50$;
Le 2e vaut $3^f,50 \times 45491 = 159218^f,50$.

86. $(24708 + 19708 + 19973) = 64389\ \text{m}^2$ à $12^f,75$;
Valeur $12^f,75 \times 64389 = 820959^f,75$.

87. Le mètre carré vaut $1026^f : 285 = 3^f,60$;
L'Hectom. carré vaut $3^f,60 \times 10000 = 36000$ fr.

88. La 1re vaut $0^f,9 \times 24500 = 22050$ francs.
La 2e a $(24500 - 1950) = 22550$ mètres carrés.
Le mètre carré revient à $22050^f : 22550 = 0^f,977$ environ.

89. Le 1er a $(382,08 + 7,6) : 2 = 194\text{Dm}^2,84$, et vaut $180^f \times 194,84 = 35071^f,20$;
Le 2e a $(382,08 - 192,84) = 187\text{Dm}^2,24$ et vaut $180^f \times 187,24 = 33703^f,20$,

90. Surface totale $1622,5 : 2,5 = 649$ mètres carrés.
L'un ayant $207\ \text{m}^2$, l'autre a $(649 - 207) = 442\ \text{m}^2$.

91. $(258\ \text{m}^2 + 105\ \text{m}^2) = 363\ \text{m}^2$;
$(3700 - 363) = 3337\ \text{m}^2$.

92. Les 2 premières ont ensemble $42,05 \times 2 = 84\text{m}^2,10$;
Il reste $207,50 - 84,10 = 123\text{m}^2,40$ pour les deux autres parties qui ont chacune $123,40 : 2 = 61\text{m}^2,70$.

93. $1\text{Hm}^2,075 \times 0,58 = 0\text{Hm}^2,6235 = 62\text{Dm}^2,35$;
Le Dm^2 revient à $9600^f : 62,35 = 153^f,97$.

94. Surface totale $13\,539,60 : 2,25 = 6017\text{m}^2,60 = 60\text{Dm}^2,176$;
Les deux premiers ensemble ont

$(12,039 + 21,6409) = 33Dm^2,6799$;

Le 3e a $(60,176 - 33,6799) = 26Dm^2,4961$.

95. $496,8 : 6,9 = 72$ jours.

96. 1° $367^f,20 : 272 = 1^f,35$ le mètre carré ;

2° $1^f,35 \times 10760 = 14526$ francs.

97. $8^m \times 5^m,70 = 45^{m^2},6$ pour la chambre ;

$456000 : 285 = 1600$ carreaux pour $27^f \times 1,6 = 43^f,20$.

98. 2 dm $\times 2$ dm $= 4$ dm^2 ;

$9^m,6 \times 7^m,5 = 72^{m^2} = 7200$ dm^2 ;

$7200 : 4 = 1800$ pavés coûtant $175^f \times 1,8 = 315^f$;

Dépense totale $315^f \times (9^f \times 72) = 315^f + 648^f = 963$ fr.

99. Contour $(6^m,8 + 5^m,1) \times 2 = 23^m,80$;

Surface des 4 murs $(23^m,8 \times 3^m,2) = 76^{m^2},16$;

Les 2 fenêtres ont ensemble $(2^m,1 \times 1^m,3) \times 2 = 5^{m^2},46$;

La porte a $(2^m,10 \times 1^m,05) = 2^{m^2},205$;

La porte et les fenêtres ont ensemble $(5,46 + 2,205)$ $= 7^{m^2},665$;

Le plafond a $(6^m,8 \times 5^m,1) = 34^{m^2},68$.

On a peint des 4 murs une surface égale à

$(75,16 - 7,665) = 68^{m^2},495$.

On a dépensé 1° pour les murs $1^f,20 \times 68,495 = 82^f,194$;

2° pour le plafond $1^f,35 \times 34,68$ $\qquad = 46^f,818$;

3° pour la porte $1^f,35 \times 2,205$ $\qquad = \ 2^f,976$;

4° pour les fenêtres $\qquad\qquad\qquad\qquad 2^f,50$

$\qquad\qquad\qquad$ Dépense totale $\quad \overline{134^f,488}$;

100. 109 Hl $: 308,72 = 0$Hl$,353$ par Dm^2 ;

$0,353 \times 25 = 8$Hl$,825$ pour 25 Décam. carrés ;

Production totale $109 + 8,825 = 117$Hl$,825$;

Valeur $23,80 \times 117,825 = 2922,06$.

MESURES AGRAIRES.

101. 4 Ha $= 400$ ares $= 40000$ centiares.

102. 37 A $= 0$Ha$,37 = 3700$ centiares.

103. 452 A = 4Ha,52 = 45200 ca.

104. 384 ca = 3A,84 = 0Ha,0384.

105. 837A,52 = 8Ha,3752 = 83752 ca.

106. 2Ha,5 = 250 A = 25000 ca.

107. 872 A + 1509 + 235 + 4820 = 7436 Ares.

108. 427 ca + 6208 + 946 + 503 + 1250 + 3763 = 13097 ca.

109. 3Ha,827 + 2,1745 + 83,7696 + 9,692 + 5,237 = 104Ha,7001.

110. 287A,09 + 482,76 + 108,07 + 5874,63 + 0,7 + 48,3 = 6801Ares,55 = 68Ha,0155 = 680155 centiares.

111. 838A,5 — 567A,02 = 271A,48.

112. 350 — 290 = 60 centiares.

113. 817A,25 + 582,60 = 1399A,85 ; 288^f × 1399,85 = 391958 francs.

114. Le 2^e a 107,5 — 45,08 = 62Ares,42 ; Le 1er vaut 105 × 45,08 = 4733^f,40 ; Le 2^e vaut 105^f × 62,42 = 6554^f,10.

115. 9Ha,876 + 6,08 = 15Ha,956 ; Reste = (38,05 — 15,956) = 22Ha,094 = 2209A,4.

116. 67,6 + 83,58 = 151Ares,18 ; La vigne a 307 — 151,18 = 155Ares,82.

117. Le 2e a 39,05 — 6,42 = 32A,63 ; Les 2 premiers ont ensemble 39,05 + 32,63 = 71Ares,68 ; Le 3e a 108,70 — 71,68 = 37A,02 = 0Ha,3702. Valeur du 3e 7420^f × 0,3702 = 2746^f,884.

118. 1er 150 Ares ; 2e 82 Ares ; 3e 45 Ares ; 4e 54 Ares. Superficie totale 331 Ares.

119. 207 Ares à 129^f valent 26703 francs ; 380A,4 à 150^f valent 57060 francs ; Les (207 + 380,4) = 587A,4 ont été achetés 83763 francs, et revendus 210^f × 587,4 = 123354^f ; Bénéfice 39591 francs.

120. L'are avait été acheté 259^f et a été revendu 313^f ; Bénéfice par Are 313^f — 259^f = 54 francs ;

5726,7 : 54 = 106Ares,05 = 1Ha,0605 = 10605 centiares.

121. 2Ha,5 $\times$ 0,45 = 1Ha,125 = 11250 centiares.

122. 108 A — 35A,6 = 72A,4 ;

72,4 : 7,24 = 10 lots.

RAPPORTS ENTRE LES MESURES DE SUPERFICIE
PROPREMENT DITES ET LES MESURES AGRAIRES.

123. 4 Hm² = 4 Ha = 400 A = 40000 ca.

124. 27A,85 + 3,467 + 625,374 + 127,5 = 784A,191.

125. 24Ha,62 + 6,2506 + 3,285 + 6,2519 = 40Ha,4075.

126. 364ᵐ² + 638 + 2406 + 28576 = 31984ᵐ².

127. 236Ares,5 + 4,26 + 7,65 + 287,06 + 5,244 +
601,39 = 1142Ares,104.

128. (247 Dm² — 158 Dm²) = 89 Dm² = 0Ha,89.

129. (350 — 247) = 103ᵐ².

130. 0ᶠ,85 $\times$ 345 = 293ᶠ,25.

131. 2087ᶠ : 634 = 3ᶠ,2918 le m² ou 329ᶠ,18 l'Are ou
32918 fr. l'Hectare.

132. 304950 : 64200 = 4Ha,75 = 475 Ares = 4Hm²,75.

133.   287A,95 — 139 A = 148A,95.

80ᶠ $\times$ 148,95 = 11916 francs, valeur du reste.

134. 208 + 387,6 = 595Ares,6 ;

Le parc a (804,45 — 595,6) = 208Ares,85.

135. Valeur 360ᶠ $\times$ 406,35 = 146286 francs.

146286 : 270 = 541Ares,8 = 5Hm²,418 = 5Ha,418.

136. Prix d'achat 0ᶠ,65 $\times$ 4580 = 2977ᶠ ;

Vendu 45A,8 $\times$ 0,15 = 6A,87 à 80ᶠ pour 549ᶠ,60 ;

Vendu (45,8 — 6,87) $\times$ 0,4 = 38A,93 $\times$ 0,4 = 15A,572
à 100ᶠ l'Are pour 1557ᶠ,20 ;

Recette 549ᶠ,60 + 1557ᶠ,20 = 2106ᶠ,80 ;

Le reste (38A,93 $\times$ 0,6) = 23A,358 revient à
2977ᶠ — 2106ᶠ,80 = 870ᶠ,20 ;

L'Are revient à 870ᶠ,20 : 23,358 = 37ᶠ,25.

137. L'aîné aura $(206,70 + 80,5) : 2 = 143A,60$;
L'autre aura $(206,70 - 143,60) = 63A,10$.

138. $40740^{m2} \times \dfrac{4}{7} = 23280$ centiares.

159. $672^f,60 : 3,8 = 17^f,70$ le Décam. carré ;
$17^f,70 \times 550 = 9735$ fr. pour 5Ha,5.

140. Vendu 1° 225A,9 à 120^f pour. . . . . 27108^f, »
2° 315A,04 à 105^f pour. . . . . 33079^f,20
3° $(705,7 - 540,94) = 164A,76$ à 108^f pour. $\underline{17794^f,08}$

Recette totale. . . . . $\overline{77981^f,28}$

Bénéfice 77981^f,28 — 56000^f = 21981^f,28.

141. 900^f est la valeur de $560 + 107 = 667$ m² du second terrain ;

Le mètre carré vaut $900^f : 667 = 1^f,349$ ou $1^f,35$.

142. $87^m,5 \times 41^m,6 = 3640$ mètres carrés achetés 4600 francs ;

Vendu 1° $3640 \times 0,6 = 2184$ m² à $0^f,95$ pour 2074^f,80.
2° $(36,40 - 21,84) = 14$ A, 56 à 145^f pour 2111^f,20.
Recette totale = 4186 francs ;
Perte = 414 francs.

143. Surface du champ $27^m,4 \times 69^m = 1890$ m²,60 ;
En une minute, on roule une surface de $(1^m,4 \times 35^m = 49$ m² ;
$1890,6 : 49 = 38$ minutes environ.

144. (Longueur + largeur) ou demi-périmètre $= 864 : 2 = 432$ m ;
Largeur $432 - 258 = 174$ m. ;
Superficie $174^m \times 258^m = 44892$ m² $= 4$ Ha,4892 ;
Prix $2400^f \times 4,4892 = 10774^f,08$.

145. La 1re a. . . . . 31805 m² ;
La 2e a 31805 — 5482 = . . . 26323 m² ;
La 3e a $(31805 + 26323) - 26470 = \underline{31658}$ m² ;

Superficie totale. . . 89786 m² ;

Récolte 1^l,50 $\times 3 \times 89786 = 404037$ litres.

JANVIER.

MESURES DE VOLUME PROPREMENT DITES.

146. $3 \text{ m}^3,867 = 3867 \text{ dm}^3 = 3867000 \text{ cm}^3$.

147. $5468 \text{ dm}^3 = 5 \text{ m}^3,468$.

148. $0 \text{ m}^3,65 = 650 \text{ dm}^3 = 650000 \text{ cm}^3$.

149. $75634 \text{ cm}^3 = 75 \text{ dm}^3,634$.

150. $23 \text{ dm}^3,74 = 0 \text{ m}^3,02374 = 23740 \text{ cm}^3$.

151. $15 \text{ m}^3,857 + 3,483 + 0,069 + 56,084 + 2,074 + 3,08 = 80 \text{ m}^3,647 = 80647 \text{ dm}^3$.

152. $5857 \text{ cm}^3 + 3053 + 687000 + 5008 + 83050 + 840 = 784808 \text{ cm}^3$.

153. $(3070 - 2594) = 476$ centimètres cubes.

154. $8 \text{ m}^3,436 - 5 \text{ m}^3,508 = 2 \text{ m}^3,928$.

155. $7500 \text{ cm}^3 \times 0,45 = 3375$ centimètres cubes.

156. $4850 \text{ cm}^3 \times 0,3 = 1455 \text{ cm}^3$.

157. $2086 \text{ cm}^3 \times 0,55 = 1147 \text{ cm}^3,3 = 1147300 \text{ mm}^3$.

158. $2 \text{ dm}^3,087 \times 37000 = 77219 \text{ dm}^3 = 77 \text{ m}^3,219$.

159. $(45 \text{ dm}^3,8 \times 0,25) - (2705 \text{ cm}^3 \times 0,8) = (11450 \text{ cm}^3 - 2164 \text{ cm}^3) = 9286$ centimètres cubes.

160. $(0 \text{ dm}^3,95 + 0,1528 + 0,444 + 0,68136 + 1,4815) = 3 \text{ dm}^3,70966 = 3709660 \text{ mm}^3$.

161. $32 \text{ m}^3,178 + 54,082 + 41,37 = 127 \text{ m}^3,63$ à $0^f,85 = 108^f,4855$ ou $108^f,50$.

162. $1 \text{ m}^3,875 + 2,04 + 1,79 + 1,092 + 2,035 = 8 \text{ m}^3,832$.

163. $8 \text{ m}^3,47 + 11,085 + 7,04 + 14,005 = 40 \text{ m}^3,6$.
Prix $17^f,50 \times 40,6 = 710^f,50$.

164. Les 2 premiers ont ensemble $189 + 207 = 396 \text{ cm}^3$;
Le 3ᵉ a $1687 - 396 = 1291 \text{ cm}^3 = 1 \text{ dm}^3,291$.

165. $1470000 : 1055 = 1393$ pots $+$ un reste de $385\,\text{cm}^3$ de terreau.

166. $(14^m \times 4^m,2 \times 1^m,4) = 82\,\text{m}^3,32$; $82\,\text{m}^3,32 \times (1 + 0,35) = 111\,\text{m}^3,132$.

167. Volume d'un pain $3600\,\text{cm}^3$ ou $3\,\text{dm}^3,6$; Nombre de pains $2070 : 3,6 = 575$.

168. $372 : 1,095 = 339 +$ un reste ; Il faudra 340 voyages à $0^f,45$; On payera 153 francs.

169. $3^m,4 \times 2^m,5 \times 2^m,4 = 20\,\text{m}^3,4$; $20\,\text{m}^3,4 \times 0,6 = 12\,\text{m}^3,24 = 12240$ décimètres cubes.

170. Volume d'une brique $25\,\text{cm} \times 11\,\text{cm} \times 8\,\text{cm} = 2200\,\text{cm}^3 = 2\,\text{dm}^3,2$; Nombre de briques $(8078,4 \times 0,92) : 2,2 = 3379$ environ.

MESURES POUR LES BOIS DE CHAUFFAGE
ET DE CONSTRUCTION.

171. $37\,\text{st} = 370\,\text{dst} = 3\,\text{Dst},7$.

172. $78\,\text{st},5 + 39,4 + 5,8 + 87,9 + 150,7 = 362\,\text{st},3$.

173. $43\,\text{Dst},7 + 82,74 + 2,46 + 38,2 + 29,64 = 196\,\text{Dst},74$.

174. $38 + 27,9 + 43,1 = 109\,\text{st}$ à $38^f = 3642$ francs.

175. $275 : 50 = 5\,\text{st},5 = 55$ décistères.

176. 1° $805^f : 30 = 26^f,833$ le stère ; $26^f,833 \times 0,9 = 24^f,15$ les 9 décistères ; $26^f,833 \times 20 = 536^f,66$ le double Décastère.

177. $31^f,50 \times 20 \times 4 = 2520$ francs.

178. Le stère vaut $59^f : 2 = 29^f,50$; le Décastère vaut 295^f ; $8\,\text{Dst},5$ valent $295^f \times 8,5 = 2507^f,50$.

179. $640^f : 20 = 32$ francs le stère ; $32^f \times 47,5 \times 0,95 = 1444$ francs.

180. 14^f,5 le demi-stère, ou 29^f le stère, ou 58^f le double stère;

580 : 58 = 10 doubles stères.

RAPPORTS ENTRE LES MESURES DE VOLUME PROPREMENT DITES ET LES MESURES POUR LES BOIS DE CHAUFFAGE ET DE CONSTRUCTION.

181. 23 m^3,57 = 23 st,57 = 235 dst,7 = 117 doubles dst,85 = 2 Dst,357 = 1 double Dst,1785.

182. 47 st,38 + 2,489 + 2,072 + 0,746 + 85 + 64,9 + 27,2 = 229 st,787.

183. 181 mètres cubes, 631.

184. 3450 dm^3 + 12800 + 39620 + 580 + 7620 + 38700 + 7460 = 110230 dm^3.

185. 886^f,50.

186. 470^f : 20 = 23^f,5 le stère ;

$\qquad$ 23^f,50 × 18,059 = 424^f,3865.

187. 15 st,08 + 9,48 + 12,88 = 37 st,44

$\qquad$ 32^f × 37,44 = 1198^f,08.

188. 12^m,5 × 1^m,2 × 1^m,4 = 21 m^3 = 21 st;

$\qquad$ (785^f : 20) × 21 = 824^f,25.

189. 65^f × 2,056 = 133^f,64.

190. 127^f : 5 = 25^f,4 le stère;

$\qquad$ 101,60 : 25,4 = 4 stères = 4000 dm^3.

191. Prix d'achat (1007^f + 2226^f + 1760^f) = 4993 fr.;
Prix de vente 4993^f + 200 = 5193^f pour

$\qquad$ (26,5 + 53 + 40 — 15) = 104 st,5 ;

Prix de vente du stère 5193^f : 104,5 = 49^f,69 ou 49^f,70.

192. 6^m,7 × 5^m,2 × 2^m,5 = 87 m^3,1 = 87 st,1 = (87,1 : 5). ou 17 demi-Dst,42.

193. 1^m × 1^m,14 × hauteur = 1 m^3;
hauteur 1 : 1,14 = 0^m,878 environ.

194. 2^m,25 × 7^m,8 × 1^m,6 = 28 m^3,08 = 2 Dst,808 ;
Poids 4850 kg × 2,808 = 13618 kg,80.

Prix $38^f \times 13,6188 = 517^f,51$.

195. L'un contient $(27,038 + 4,7) : 2 = 15 \text{st},865$;
L'autre $(15,865 - 4,7) = 11 \text{st},165$;
$150^f : 5 = 30^f$ le stère ;
Le 1ᵉʳ tas vaut $475^f,95$ et le 2ᵉ $334^f,95$.

196. $38600 : 835 = 46 \text{m}^3,2275$ à 49^f le stère ;
Valeur $2265^f,1475$.

197. 500^f le double Dst $= 25^f$ le stère ;
$473,025 : 25 = 18 \text{st},921$ ou $18 \text{m}^3,921$;
$(5^m,3 \times 2^m,1) = 11^{m2},13$;

198. Le 1ᵉʳ a $45 \text{m}^3,8$ et vaut $1282^f,40$;
$18,921 : 11,13 = 1^m,70$ de hauteur.
Le 2ᵉ a $45,8 - 25 = 20 \text{m}^3,8$, et vaut $582^f,40$;
Le 3ᵉ a $25 + 4,65 = 29 \text{m}^3,65$ et vaut $830^f,20$.

199. $43 \text{st},8 \times 0,85 = 37 \text{st},23$.

200. 57 demi-Dst $= 285 \text{st} = 2850 \text{dst}$;
$2850 \text{dst} \times 0,2 \times 0,43 = 245 \text{dst},1 = 24 \text{m}^3,51$.

FÉVRIER.

MESURES DE CAPACITÉ.

201. $5 \text{Hl} = 500 \text{ l} = 50 \text{ Dl} = 50\,000 \text{ cl} = 5000 \text{ dl}$.

202. $5 \text{ Dl} = 0\text{Hl},5 = 50 \text{ l} = 5000 \text{ cl} = 0\text{Kl},05$.

203. $6249 \text{ l} = 6\text{Kl},249 = 624\text{Dl},9 = 62\,490$ dl $= 62\text{Hl},49 = 624\,900$ cl.

204. $4000^l + 30 + 700 + 95 + 700 + 120 = 5645^l$.

205. $749^l + 3068 + 4708 + 1947 + 24098 = 34\,570^l$.

206. $158\text{Hl},09 + 7,48 + 96,06 + 78,5 + 9,07 = 349\text{Hl},20$.

207. $670\text{Dl},4 + 52,8 + 986,7 + 180,9 + 1250,7 = 3141\text{Dl},5$.

208. $438\,\mathrm{cl} + 57 + 609 + 1247 + 608 + 5800 + 30\,850 = 39\,609$ centilitres.

209. $32\mathrm{dl},8 + 787,2 + 980 + 7,3 + 4,796 + 508 + 9,76 = 2329\mathrm{dl},856.$

210. $(2,08 + 2,26) = 4\mathrm{Hl},34.$

211. $2,25 + (2,25 + 0,014) = 4\mathrm{Hl},514$ à $45^\mathrm{f} = 203^\mathrm{f},13.$

212. $235 + (235 - 18) = 452^\mathrm{l}$ à $0^\mathrm{f},65 = 293^\mathrm{f},80.$

213. $0^\mathrm{f},45 \times 10 \times 1,2 \times 3 = 16^\mathrm{f},20.$

214. Reçu $27^\mathrm{f} \times 13,5 = 364^\mathrm{f},50$;
$364,5 : 18 = 20\mathrm{Hl},25 = 202\mathrm{Dl},5 = 101$ doubles Dl,25.

215. Le 1er renferme $5\mathrm{Hl},09$;
Le 2e renferme $5\mathrm{Hl},96$;
Le 3e renferme $5\mathrm{Hl},51$;
Ensemble $16\mathrm{Hl},56$ à $28^\mathrm{f}.$
Valeur $463^\mathrm{f},68.$

216. $228 : 0,8 = 285$ bouteilles.

217. Reste $220 - (45 + 30) = 145$ litres à $0,70.$
Valeur $101^\mathrm{f},50.$

218. $560,4 : 240 = 2\mathrm{Hl},335 = 233^\mathrm{l},50$;
$(233^\mathrm{l},50 - 107^\mathrm{l},5) = 126$ litres.

219. $0^\mathrm{f},90 \times 450 \times 0,65 = 263^\mathrm{f},25.$

220. $80^\mathrm{l} \times 0,45 = 36^\mathrm{l}$ pour $16^\mathrm{f},20.$
$16^\mathrm{f},20 : 36 = 0^\mathrm{f},45$ le litre $= 4^\mathrm{f},50$ le Dl $= 9^\mathrm{f}$ le double Décalitre.

221. L'une aura $(708 + 80) : 2 = 394$ litres, et l'autre $394 - 80 = 314$ litres.

222. $1 : 0,018 = 55$ verres à $0^\mathrm{f},10 = 5^\mathrm{f},50$;
Bénéfice $5^\mathrm{f},50 - 2^\mathrm{f},50 = 3$ f. par litre.

223. En cherchant combien coûte le litre de vin de chaque qualité, ou en calculant combien on aurait de litres de chaque qualité pour 1 franc, on trouve que le 2e vin est le plus cher.

224. $225^\mathrm{l} \times 5 = 1125$ litres, $= 11\mathrm{Hl},25$;
$(45^\mathrm{f} + 25^\mathrm{f} + 62^\mathrm{f}) \times 11^\mathrm{f},25 = 757^\mathrm{f},35$;
$757^\mathrm{f},35 + 58^\mathrm{f} = 815^\mathrm{l},35$ pour 1125 litres.

Prix du litre 815^f,35 : 1125 = 0^f,724 environ.

225. (3^f,25 $\times$ 5 $\times$ 38) + (9^f,50 : 5 $\times$ 147) + (21^f $\times$ 8,4) = 617^f,50 + 279^f,30 + 176^f,40 = 1073^f,20 prix d'achat ;

(38 Hl + 14,7 + 8,4) = 61Hl,1 à 21^f,50 = 1313^f,65 ;
Bénéfice 1313^f,65 — 1073^f,20 = 240^f,45.

226. On ne l'emplira qu'aux $\frac{1200}{1500}$ ou au $\frac{12}{15}$ de sa hauteur,

soit 1^m,8 $\times \frac{12}{15} =$ 1^m,44.

227. 350 — 150 = 200^l la 2e fois ;
200 — 150 = 50^l de plus ;
137,5 : 50 = 2^f,75 le litre ou 275 f. l'Hectolitre.

228. (80 — 3,5) = 76^d,5 par bouteille.
On doit avoir 120 : 0,8 = 150 bouteilles ;
Elles ne contiennent ensemble que 0^l,765 $\times$ 150 = 114^l,75 et coûtent 0^f,80 $\times$ 120 = 96 francs ;
Le litre revient à 96^f : 114,75 = 0^f,836 environ.

229. 228 : 0,75 = 304 bouteilles.
(1^f,50 $\times$ 3,04) = 4^f,156 ;
13$^f \times$ 3,04 = 39^f,52 ;
Les 304 bouteilles reviennent à
164^f,80 + 4^f,56 + 39,52 = 208^f,88 ;
Une bouteille coûte 0^f,687.

230.   12 litres d'absinthe + 15^l de cognac = 92^f,25 ;
9 litres d'absinthe + 15^l de cognac = 79^f,50 ;

Diff. 3 litres d'absinthe. . . . . . . = 12^f,75 ;

1 litre d'absinthe coûte 12^f,75 : 3 = 4^f,25 ;
1 litre de cognac coûte [92^{f}25 — (4^f,25 $\times$ 12)] : 15 = 2^f,75.

L'absinthe est revendue 0^f,25 : 0,025 = 10^f le litre ;
Le cognac est revendu 0^f,15 : 0,018 = 8^f,33 le litre ;
Le marchand gagne par litre d'absinthe 5^f,75, et par litre de cognac 5^f,58 environ.

RAPPORTS ENTRE LES MESURES DE VOLUME ET LES MESURES DE CAPACITÉ.

231. $3^l,8 + 4,529 + 6,047 + 29,456 + 12,08 = 55^l,912$.

232. $7dm^3,45 + 12,38 + 0,45 + 2,857 + 3,09 + 28,07 = 54dm^3,227$.

233. $0Hl,3462 + 5,294 + 0,387 + 0,02045 + 3,408 = 9,45565$.

234. $45^l,018 + 140 + 300,8 + 9,5 + 230,08 + 5,094 = 730^l,492 = 730\,492\ cm^3 = 7Hl,30492$.

235. $4750^l - 1920^l = 2830^l = 28Hl,30$.

236. $25\,700^l - 4258^l,7 = 21\,441^l,3$.

237. $4303^{dm3},8 \times \dfrac{4}{5} = 3443dm^3,04$.

238. $23^f,50 \times 17,4 = 408^f,90$.

239. Une des parts sera $(3870^l + 29^l) : 2 = 1949^l,5$ et l'autre $3870 - 1949,5 = 1920^l,5$.

240. $(15^l,8 \times 45) + 0^l,3 = 711^l,3$;
$1000 - 711,3 = 288\ litres,7$.

241. $4dm^3,7 = $ Volume de l'eau $\times 1,075$;
Quantité d'eau $= 4^l,7 : 1,075 = 4\ litres,372$ environ.

242. $538 : 2 = 269\ litres$;
$726 : 3 = 242\ litres$;
$269^l + 242^l = 511\ litres$ par heure;
$9750 : 511 = 19\ heures$ environ.

243. $6420^l \times \dfrac{2}{3} = 4280\ litres$ en 3 heures, 5 dixièmes;

En une heure $4280^l : 3,5 = 1222\ litres,85$ environ.

244. Le pavé a $(1,8 \times 1,2 \times 1,4) = 3dm^3,024$;
$89^l,6 - 3^l,024 = 86^l,576$ d'eau $= 865^{dl},76$ d'eau.

245. $(3^m,2 \times 2^m,6 \times 2^m,3) = 19m^3,136 = 191Hl,36$;

Il faut faire arriver les $(1 - 0,75) =$ les $0,25$ de $191 Hl,36$, soit

$191,36 \times 0,25 = 47 Hl,84.$

MARS.

MESURES DE POIDS.

246. $8 Hg = 800 gr = 80 Dgr = 80\,000 cg. = 8000 dg.$

247. $4 Dg = 0 kg,04 = 40 gr = 0 Hg.,4 = 4000 cg.$

248. $5249 g = 5 Kg,249 = 524 Dg.9 = 52 Hg,49 = 52490 dg. = 5249\,000 mg.$

249. $700 g + 80 + 5000 + 64 + 6000 + 830 = 12674 gr.$

250. $5609 gr + 1780 + 749 + 6508 + 7646 = 22292 gr.$

251. $38\,069 gr + 4207 + 40\,674 + 4523 + 9063 = 96\,536 gr.$

252. $3780 gr + 4540 + 69 + 8070 = 16\,459 gr.$

253. $438 Hg,9 + 482,06 + 58,27 + 806,92 = 1786 Hg,15.$

254. $3087 cg + 725\,900 + 84\,820 + 669 + 830\,890 = 1\,645\,366 cg.$

255. $38069 gr,8 + 8506,03 + 2870,8 + 472,047 + 6860,09 = 56\,778^{gr},767.$

256. $4827 dg,1 + 7065,8 + 80761,4 + 236,07 + 808,27 = 93\,698 dg,64.$

257. $274 cg + 708 + 0,5 + 15 + 0,6 + 7948 + 828 + 40\,641 = 50\,415 cg,1 = 50 Dg,4151.$

258. $7080 gr - 684 gr = 6396 gr = 63 Hg,96.$

259. $7000 cg - 608 cg,7 = 6391 cg,3.$

260. $(408 Dg,07 + 50 Dg,67 - 18 Dg,59) = 440 Dg,15.$

261. 90 kg,38 de savon.

262. $(1,5 - 0,308) = 1$ kg, 192 d'eau.

263. $0^f,25 \times 100 = 25^f$ le kilog.

264. $0^f,935 \times \dfrac{3500}{275} = 11^f,90$.

265. 127 kg,3 — 12 kg,3 = 115 kg. d'huile ;
$180^f \times 1,15 = 207^f$ d'huile ;
$207^f + 2^f,50 = 209^f,50$ prix du baril plein ;
$115 : 0,92 = 125$ litres d'huile.

266. $49,09 + 7,85 = 11$ quint,94 à $4^f,75$.
Valeur $56^f,715$.

267. $0^f,25 : 0,06 = 4^f,166$ le kg $= 2^f,083$ le 1/2 kg.

268. Un litre d'eau en se gelant prend un volume de
1 dm³,075 et pèse encore 1 kg ;
1 dm³ de glace pèse 1 kg : 1,075 = 0 kg,930 gr. environ.

269. 207 kg,8 + 189,5 + 240 = 637 kg,3 = 6$^{\text{quint.}}$ 373 ;
$0^f,75 \times 6,373 = 4^f,779$ ou $4^f,80$.

270. 8760 kg $\times (1 - 0,45) = 4818$ kg ;
4818 : 4,5 = 1070 bottes + 3 kg. de foin.

271. $0,85 : 0,912 = 0$ lit,932 d'huile pour $1^f,50$;
Le litre revient à $1^f,50 : 0,932 = 1^f,60$.

272. Une part sera de $(3764 + 80) : 2 = 1922$ kg. et
l'autre de 3764 — 1922 = 1842 kg ;
La 1re vaudra $50^f \times 1,922 = 96^f,10$.
La 2e vaudra $50^f \times 1,842 = 92^f,10$.

273. $0^f,75 : 0,03 = 25^f$ le kg.

Poids d'un | *mètre cube et d'un décimètre cube*
d'eau pure.

274. 3 litres,7 d'eau pure pèsent 3 kg,7.

275. 2740 dm³ $\times 0,7 = 1918$ dm³ d'eau pure ;
poids = 1918 kg.

276. Reste $= 38^{m3} \times \dfrac{3}{5} = 22$ m³,8 d'eau pure ;

Poids $= 22\,800$ kg.

277. 1 kg,9 $-$ 0 kg,78 $= 1$ kg,12 d'eau pure ;
Capacité $= 1$ litre,12.

278. 1,328 $-$ 0,840 $= 0$ kg,488 d'eau pure ;
La bouteille peut en contenir 0 kg,488 : 0,4 $= 1$ kg,22 ;
Capacité $= 1$ litre,22.

279. 1 mètre de hauteur donnerait 1 m³,58 de volume
et un poids de 1580 kg ;
Hauteur 2845 : 1580 $= 1^m$,80.

280. Poids de l'eau 10,2 $-$ 2,7 $= 7$ kg,5 ;
Capacité $= 7$ litres,5 ;
Poids de l'huile 9.6 $-$ 2,7 $= 6$ kg,9 ;
Un litre d'huile 6 kg,9 : 7,5 $= 0$ kg,920.

281. (47,8 $+$ 76 $+$ 6,465) $= 130^l$,265 ;
135 $-$ 130,265 $= 4$ litres,735.

282. 6 cm $\times$ 6 cm $\times$ 6 cm $= 216$ cm³ $= 0$ litre,216 ;
Reste 1^l,04 $-$ 0^l,216 $= 0^l$,824 d'eau pesant 824 gr.

283. (2,695 $-$ 1,74) $= 0$ kg,955 d'eau ;
Capacité 0 litre,955 ;
Poids du mercure (13 kg,59 $\times$ 0,955) $= 12$ kg,978 ;
Poids du vase plein de mercure 12^{kg},978 $+$ 14^{kg},718
$= 27^{kg}$,696.

284. Par bec et par heure 1^{hl} : 3/4 $= \dfrac{4^{hl}}{3}$.

Dépense totale $\dfrac{4^{hl}}{3} \times 4 \times 5 \times 30 = 800^{hl} = 80$m³.

Prix du m³ $= 24^f$: 80 $= 0^f$,30.

285. 5 kg,176 $-$ 0 kg,412 $= 4$ kg,764 d'alcool ;
4,764 : 0,794 $= 6$ litres.

AVRIL.

MONNAIES.

286. $0^f,03 + 0,5 + 0,008 + 2,09 + 0,74 + 3,8 = 7^f,168.$

287. $6^f,08 - 0^f,8 = 5^f,28.$

288. 1° Or $100 + 50 + 20 + 10 + 5 = 185^f$;
Argent $5 + 2 + 1 + 0,5 + 0,2 = 8^f,70.$
Bronze $0^f,10 + 0,05 + 0,02 + 0,01 = 0^f,18$;
2° Total $193^f,88.$

289.

La pièce de	5^f	pèse	25^{gr};
Id.	2^f	Id.	10^{gr};
Id.	1^f	Id.	5^{gr};
Id.	$0^f,50$	Id.	$2^{gr},5$;
Id.	$0^f,20$	Id.	$1^{gr}.$

290. $5 \text{ gr.} \times 478 = 2390$ grammes.

291. $(5^f \times 24) + (2^f \times 17) + (0,50 \times 39) =$
$120^f + 34^f + 19^f,50 = 173^f,50.$
Poids $5 \text{ gr.} \times 173,50 = 867 \text{ gr},5.$

292. $245 : 5 = 49$ francs.

293. $1003 - 68 = 935$ grammes;
$935 : 5 = 187$ fr.

294. 10 centimes pèsent 10 gr; 5 cent. pèsent 5 gr; etc.

295. $(5 \text{ gr.} \times 38,45) \times 20 = 3845 \text{ gr} = 3 \text{ kg},845.$

296. $645 \text{ gr.} : 5 = 129$ fr. en argent;
$129^f : 20 = 6^f,45$ en bronze.

297. $87 : 5 = 17^f,40$ en argent;
$17^f,40 : 20 = 0^f,87$ en bronze.

298. $75\,000 : 5 = 15\,000^f$ en monnaie d'argent;

15 000^f : 20 = 750^f en monnaie de bronze.

299. 5 gr $\times$ 45 = 225 gr, poids du vase vide ;

(5 gr $\times$ 339) + (5 gr $\times$ 1,20 $\times$ 20) = 1815 gr. poids du vase plein d'eau.

1815 — 225 = 1590 gr d'eau ;

Capacité = 1 litre,59.

300. 1° 345^f en argent pèsent (5 $\times$ 345) = 1725 gr ;

2° 345^f en or pèsent 1725 gr : 15,5 = 111 gr,29.

301. 100^f en or pèsent 32 gr,258 ; 50^f pèsent 16^{gr},129 ; 20^f pèsent 6^{gr},4516 ; 10^f pèsent 3^{gr},2258 ; 5^f pèsent 1^{gr},6129.

302. 1° Argent 5 gr. $\times$ 85 = 425 gr ;

2° Bronze 425 gr. $\times$ 20 = 8500 gr ;

3° Or 425 gr : 15,5 = 27 gr,41.

303. 125^{gr},8385 d'argent monnayé vaudraient 125,8385 : 5 = 25^f,1677 ;

En or, c'est le poids de

25^f,1677 $\times$ 15,5 = 390 francs.

304. (5 gr. $\times$ 40) : 15,5 = 12 gr,9032.

305. 530 gr. $\times$ 0,95 = 503gr,5 d'argent fin.

306. 197gr,6 : 0,8 = 247 grammes ;

307. 5 $\times$ 5 = 25 gr. poids de la pièce ;

25 $\times$ 0,9 = 22 gr,50 d'argent fin et 25 gr. $\times$ 0,1 = 2gr,5 de cuivre.

308. Or fin 16,129 $\times$ 0,9 = ... 14gr,5161 ;

Cuivre 16,129 $\times$ 0,1 = ... 1gr,6129.

309. 1 — 0,840 = 0,160 ;

240^{gr} $\times$ 0,16 = 38gr,4 de cuivre.

310. 648 gr. représentent les 9 dixièmes du poids total de l'alliage qu'on veut obtenir ;

Le cuivre, en étant le dixième, y entre dans une proportion 9 fois moindre ;

Poids du cuivre 648 : 9 = 72 grammes.

311. 248 gr. sont les 0,8 du poids total ; le cuivre en est les 0,2 ;

Poids du cuivre $248 \times \dfrac{2}{8} = 62$ grammes.

312. 650 gr. sont les 0,835 millièmes du poids total ; le cuivre en est les $1 - 0,835 = 0,165$;

Poids du cuivre 640 gr. $\times \dfrac{165}{835} = 128$gr,443.

313. 80 gr. sont les $(1 - 0,84) =$ les 0,16 du poids total ;

Poids de l'or fin 80 gr. $\times \dfrac{84}{16} = 420$ grammes.

314. Ce lingot contient $540 \times 0,25 = 135$ gr. de cuivre ;
Cette quantité ne variera pas, mais dans le nouvel alliage elle représentera les $(1 - 0,84) =$ les 0,16 du poids total, ou le poids total $\times$ 0,16 ;
Ce poids total sera $135 : 0,16 = 843$ gr.75.
On ajoutera donc $843,75 - 540 = 303$ gr.75 d'or fin.

315. 7640 gr $\times 0,950 = 7258$ grammes d'argent fin qui seront les (0,8) du poids du nouvel alliage.
Ce nouveau poids sera $7258 : 0,8 = 9072$ gr.5 ;
On ajoutera $9072,5 - 7640 = 1432$ gr.5 de cuivre.

316. 275 gr. $\times 0,8 =$ 220 gr. d'argent fin
         480 gr. $\times 0,95 =$ 456 gr.   —

Total 755 gr. d'alliage contenant 676 gr.   —
Titre $676 : 755 = 0,895$ environ.

317. 520 gr. $\times 0,75 =$ 390gr. » d'or fin.
         450 gr. $\times 0,84 =$ 378gr. »   —
         602 gr. $\times 0,92 =$ 553gr.84   —

1572 gr. d'alliage renfermant 1321gr.84
Titre $1321,84 : 1572 = 0,848$ environ.

318. Les 5kg,125 de cuivre sont les $1 - 0,835 =$ les 0,165 du poids total ;

Poids d'argent pur $5,125 \times \dfrac{835}{165} = 25$kg,9356.

319. Les 540 gr. d'or fin sont les 0,835 du poids total ; le cuivre est les 0,165 de ce poids total et les $\frac{165}{835}$ du poids de l'or ;

Poids du cuivre 540gr. $\times \frac{165}{835} = 106$gr.70.

320. 345 gr. sont les 0,9 du poids total ;
Poids total 315 gr. : 0,9 $=$ 350 gr. ;
Valeur 350 : 5 $=$ 70 francs.
321. 1 kg. d'argent monnayé contient 0k,9 d'argent fin et se paye 1000 : 5 $=$ 200^f ;
1 kg. d'argent fin vaut 200^f : 0,9 $=$ 222^f,22...
322. 1 kg. d'or monnayé contient 0kg,9 d'or fin, et se paye (1000 : 5)$\times$ 15,5 $=$ 3100 fr. ;
1 kg. d'or fin vaut 3100^f : 0,9 $=$ 3444^f,44.
323. 306 gr. $\times$ 0,92 $=$ 281 gr.52 d'argent fin.
0,2222 $\times$ 281,52 $=$ 62^f,55.
324. 2512 gr.5 sont les 0,835 du poids total ; le cuivre est les 0,165 du poids total et les $\frac{165}{835}$ du poids de l'argent fin.

Poids du cuivre 2512,5 $\times \frac{165}{835} =$ 496 gr.48.

Poids total 2512^{gr},5 $+$ 496^{gr},48 $=$ 3008^{gr},98.
La pièce de 2 fr. pesant 10 grammes, on pourra faire 300 pièces de 2 fr. et il restera 8^{gr},98 environ d'argent monnayé non employé.
325. 305 gr. $\times$ 0,92 $=$ 280 gr.60 d'or fin.
Valeur 3^f,437 $\times$ 280,6 $=$ 964^f,42.

MAI.

NOTIONS SUR LA MESURE DU TEMPS.

526. $60' \times 5 = 300'$.

527. $60'' \times 60 \times 4 = 14400''$.

528. $(60' \times 7) + 9' = 420' + 9' = 429'$.

529. $(60'' \times 14) + 8'' = (840 + 8) = 848''$.

530. $(60' \times 3) + 12' = 192'$;
$60'' \times 192 = 11520''$.

531. $(60' \times 6) + 10' = 370'$;
$(60'' \times 370) + 51'' = 22251''$.

532. $(24 \text{ heures} \times 2) + 7 \text{ h.} = 55 \text{ heures}$;
$60' \times 55 = 3300'$.

533. $(24 \text{ heures} \times 3) + 8 \text{ h.} = 80 \text{ heures}$;
$(60' \times 80) + 14' = 4814'$;
$(60'' \times 4814) + 9'' = 288849''$.

534. $(24 \text{ h.} \times 5) = 120 \text{ heures}$;
$(60' \times 120) + 46' = 7246'$.

535. $72 : 24 = 3 \text{ jours}$.

536. $900 : 24 = 37 \text{ jours } 12 \text{ h. ou } 37 \text{ j. } 1/2$.

537. $274 : 24 = 11 \text{ jours } 10 \text{ heures}$.

538. $456 : 60 = 7 \text{ heures } 36 \text{ m.}$

539. $520 : 60 = 8 \text{ minutes } 40 \text{ secondes}$.

540. $2764 : 60 = 46 \text{ m. } 4 \text{ secondes}$.

541. $6452 : 60 = 107 \text{ heures } 32 \text{ m.} = 4 \text{ j. } 11 \text{ h. } 32 \text{ m.}$

542. $47687 : 60 = 794' 47''$;
$794 : 60 = 13 \text{ h. } 14'$;
$47687'' = 13 \text{ h. } 14' 47''$.

543. $92 \text{ h. } : 17 = 5 \text{ heures} + \dfrac{7}{17} \text{ d'heure}$;

$$60' \times \frac{7}{17} = \frac{420'}{17} = 24' + \frac{12}{17} \text{ de minute};$$

$$60'' \times \frac{12}{17} = 42'' \frac{6}{17}.$$

$$92 \text{ h} : 17 = 5 \text{ h. } 24' \, 42'' \frac{6}{17}.$$

544. 415 h : 69 = 6 h. 52 secondes 12/69.

545. 540 j : 86 = 6 j. 6 h. 41′ 51″ $\frac{27}{43}$ de seconde.

546. 40′ 33″.

547. 48′ 48″.

548. 51′ 63″ ou 52′ 3″.

549. 49′ 79″ ou 50′ 19″.

550. 19 h. 109′ 133″ = 19 h. 111′ 13″ = 20 h. 51′ 13″.

551. Reste = 5 h. 24′ 33″.

552. Reste = 9 h. 21′ 18″.

553. 11′ 60″ — 8′ 19″ = 3′ 41″.

554. 14 h. 33′ 60″ — 11 h. 15′ 27″ = 3 h. 18′ 33″.

555. 3 j. 8 h. 60′ — 1 j. 5 h. 6′ = 2 j. 3 h. 54′.

556. 6 j. 24 h. 13′ 60″ — 1 j. 8 h. 0′ 43″ = 5 j. 16 h. 13′ 17″.

557. 16 heures 24′ 48″.

558. 4 h. 60′ 45″ = 22 h. 45″.

559. 14 j. 56 h. 259′ = 16 j 12 h. 19′.

560. 18 h. 252′ 312″ = 22 h. 17′ 12″.

561. 47 h. : 15 = 3 h. 8′.

562. 45 h. : 28 = 1 heure;

$$\text{Reste} = \frac{17 \text{ h.}}{28} \text{ ou } \left(\frac{60' \times 17}{28} \right) = \frac{1020'}{28};$$

$$\frac{1020' + 9'}{28} = \frac{1029'}{28};$$

$$1029' : 28 = 36' \frac{21}{28}.$$

$$45 \text{ h. } 9' : 28 = 1 \text{ h. } 36' \frac{21}{28} \text{ de minute.}$$

363. 2 années 56 j. 15 h. 20′.

364. 5970 minutes ou 99 h. 1/2.

365. 31645″ = 8 heures 47′ 25″.

La pendule s'est arrêtée à 1 heure 47′ 25″ du matin.

366. 43″ × 24 = 1032″ = 17′ 10″.

367. Retard = 7′ en 5 h. 25′ ou 325′;

$$\text{Retard en } 60′ = 7′ \times \frac{60}{325} = 1′ 17″ \, 7/13.$$

368. 1 h. = 60 × 60″ = 3600″;

$$6 \text{h.} \times \frac{3600}{17} = 52 \text{ jours } 22 \text{ heures } 35′ 17″.$$

369. $\frac{3}{5}$ de minute = 36″ en 4 h.,5 ou 4 h. 1/2.

Avance par heure 36″ : 4,5 = 8″.

370. Elle marquera l'heure véritable lorsqu'elle aura une avance totale de 24 heures, c'est-à-dire quand elle aura une nouvelle avance de 23 heures 25′ ou 1405′ ou 84300″.

Cela aura lieu dans 84300″ : 25 = 3372 heures ou 140 jours et demi.

JUIN

NOTIONS DE GÉOMÉTRIE PRATIQUE.

371. (64,6 + 47,8) × 2 = 224m,8.

372. Périmètre (39,5 + 46,7) × 2 = 172m,4 ;

Prix 3′,50 × 172,4 = 603′,40.

373. Longeur + largeur ou demi-périmètre = 287m,8 : 2 = 143m,9 ;

Longueur 143,9 — 53,6 = 90^m,3.

374. 192^m,6 : 2 = 96^m,3 ;

Largeur 96^m,3 — 62^m,75 = 33^m,55 ;

375. 37^m $\times$ 42^m = 1554m^2.

376. 51^m,6 $\times$ 38^m,5 = 1986^{m2},60 = 19 Ares, 866.

377. Superficie 21708m^2 ou 2Ha, 1708.

378. Surface 2160m^2,50 = 21A,605 ;

Valeur 2938^f,28.

379. Contour 860^m,80 ;

Surface 45 493^{m2},08 = 4Ha, 549308 ;

Valeur = 77 338^f,25.

380. 1362,68 : 32,6 = 41^m,80 de longueur.

381. Largeur = 411,125 : 28,75 = 14^m,30 ;

Périmètre 86^m,10 ;

Valeur 322^f,322.

382. Longueur 235 mètres.

383. 1312,08 : 80 = 16 Ares, 401 ;

Largeur 38^m,5 ;

Contour 162^m,20.

384. 28 623 : 94 = 304 Ares,5 = 30 450m^2 ;

Longueur 30 450 : 164 = 185^m,67.

385. Superficie de la cour 18^m,5 $\times$ 12^m,4 = 229m^2,40 ;

Superficie d'un pavé 0^m,24 $\times$ 0^m,15 = 0m^2,0360 ;

229,4 : 0,036 = 6400 pavés.

386. Périmètre (37,8 + 26,3) $\times$ 2 = 128m,20 ;

Côté 128,20 : 4 = 32^m,05.

387. Périmètre 56^m $\times$ 4 = 224 mètres ;

Demi-Périmètre = 112 mètres ;

Largeur 112^m — 83^m = 29 mètres.

388. Côté 182 : 4 = 45^m,5 ;

Surface 45^m,5 $\times$ 45^m,5 = 2070^{m2},25 = 20A,7025.

389. Surface 40^m,3 $\times$ 40^m,3 = 1624m^2,09 ;

Longueur 1624,09 : 37,5 = 43^m,30.

390. (8^m,9 $\times$ 8^m,9) $\times$ 2 = 138m^2,42 ;

Largeur 138,42 : 16,8 = 8^m,24.

Périmètre $(16,8 + 8,24) \times 2 = 50^m,08.$

591. $30^{mm},8 \times 30^{mm},8 = 948mm^2$ à moins d'un millimètre carré près.

592. Côté $720^m : 4 = 180m$;

Superficie $32400m^2 = 3Ha,24$;

Valeur 13608 francs.

593. $13839,12 : 108 = 128A,14 = 12814m^2$;

Hauteur $12814 : 149 = 86m.$

594. $3^m,45 + 8^m,60 + 5^m,83 = 17^m,88.$

595. $86^m,4 : 3 = 28^m,8$ de côté.

596. $40,28 + 32,80 = 73^m,08$;

$109^m,6 - 73^m,08 = 36^m,52.$

597. $474m^2,375.$

598. Surface $1548m^2,76 = 15A,4876.$

Prix 320593 francs, $32.$

599. $\frac{1}{2}$ hauteur $= 192 : 4,86 = 3^m,90$;

Hauteur $= 7^m,80.$

400. $551,30 : 4 = 137^{m2},825$;

$137,825 : 18,5 = 7^m,45$ de demi-hauteur ;

Hauteur $= 14^m,90.$

401. $(27^m \times 31^m) : 2 = 418m^2,5$;

Valeur $1^f,80 \times 418,5 = 753^f,30$;

Surface du rectangle $753,30 : 1,7 = 443m^2,12$;

Longueur $= 443,12 : 19 = 23^m,32.$

402. $18^m,6 + 12^m,5 + 14^m,6 + 12^m,8 = 58^m,5$;

403. $5^m,38 + 6^m,12 + 4^m,82 = 16^m,32$;

Grande base $22,77 - 16,32 = 6^m,45.$

404. $\dfrac{8^m,6 + 7^m,9}{2} \times 6^m,4 = 52m^2,80.$

405. Surface $7528m^2,365 = 75A,28365$;

Valeur $20702^f,80.$

406. $1283,4 : 46 = 27^m,9$ pour $1/2$ somme des Bases ;

Somme des Bases $55^m,80$;

Grande base $55,80 - 24,8 = 31$ m.

407. $86^{dm},9 : 4 = 21^{dm},725$ de côté.

408. 1° $\dfrac{2^{m},88 \times 2^{m},16}{2} = 3m^2,1104$;

2° $\dfrac{24\,mm \times 18\,mm}{2} = 216\,mm^2$;

3110400 : 216 = 14400 petits losanges.

409. 48 : 12,5 $= 3^{m},84$ pour la moitié du petit axe ;
Petit axe $= 7^{m},68$.

410. 16779,27 : 305 = 55 Ares, 014 $= 5501m^2,40$;
5501,40 : 86,5 $= 63^{m},6$ pour la moitié du grand axe ;
Grand axe $63^{m},6 \times 2 = 127^{m},2$.

411. $(4^{m},5 \times 3^{m},8) \times 3 = 51m^2,30$.
51,30 : 7,6 $= 6^{m},75$ pour la moitié du grand axe ;
Grand axe $= 13^{m},50$.

412. $\dfrac{47^{m},20 \times 26^{m},8}{2} = 632m^2,48$;

632,48 : 29,5 $= 21^{m},44$ pour la demi-hauteur ;
Hauteur $= 42^{m},88$.

413. $4^{m},5 \times 3,1416 = 14^{m},1372$.

414. Diamètre $= 3dm,5 \times 2 = 7\,dm$;
Circonf. $0^{m},7 \times 3,1416 = 2^{m},19912$.

415. Diamètre $8^{m},4 : 3,1416 = 2^{m},673$.
Rayon $2^{m},673 : 2 = 1^{m},381$ environ.

416. Diamètre 45 cm : 3,1416 $= 14cm,32$;
Rayon $14cm,32 = 7cm,16$.

417. $(3^{m} \times 3^{m}) \times 3,1416 = 28m^2,2744$.

418. Rayon $= 4^{m},2$;
Surf. $(4^{m},2 \times 4^{m},2) \times 3,1416 = 55m^2,417824$.

419. 1° Diamètre $18^{m},6 : 3,1416 = 5^{m},92$;
2° 1/2 Rayon $= 5^{m},92 : 4 = 1^{m},48$;
3° Surface $18^{m},6 \times 1^{m},48 = 27m^2,528$.

420. Surface du carré $38^{m},6 \times 38^{m},6 = 1489m^2,96$;
Surf. du cercle $(18^{m},5 \times 18^{m},5 \times \pi) = \underline{1075m^2,2126}$;

Reste . . . . . 414m²,7474.

421. Périmètre 43 cm $\times 4 = 172\,cm = 1^{m},72$;

Diamètre $1^m,72$; $3,1416 = 0^m,5474$.

Rayon $0^m,2737$.

422. $(3^m,5 \times 3^m,5) = 12m^2,25$;

$4^m,2 \times 4^m,2 = 17m^2,64$.

$(17,64 - 12,25) \times 3,1416 = 16m^2,933224$.

423. $(52^m : 3,1416) : 4 = 4^m,138$ de 1/2 Rayon;

Surf. du 1er cercle $(6^m,8 \times 6^m,8) \times \pi = 145m^2,267584$.

Surf. du 2e cercle $52^m \times 4^m,138 = 215m^2,176$.

Surf. de la couronne $215,176 - 145,267 = 69m^2,909$.

FIN

TABLE DES MATIÈRES

ARITHMÉTIQUE

SYSTÈME MÉTRIQUE

22514. — Typographie A. Lahure, rue de Fleurus, 9, à Paris.

NOTICE

DE

LIVRES ÉLÉMENTAIRES

A L'USAGE

1° DE L'ENSEIGNEMENT DANS LES SALLES D'ASILE

2° DE L'ENSEIGNEMENT PRIMAIRE

3° DE L'ENSEIGNEMENT SPÉCIAL ET PROFESSIONNEL

PARIS

LIBRAIRIE HACHETTE ET Cⁱᵉ

79, BOULEVARD SAINT-GERMAIN, 79

Mai 1879

TABLE DES MATIÈRES

On adressera franco aux personnes qui en feront la demande :

Le catalogue des livres d'éducation et d'enseignement ;

Le catalogue des livres de littérature générale et de connaissances utiles ;

Le catalogue des livres reliés pour les distributions de prix ;

Le catalogue des livres reçus en dépôt ;

Le catalogue des livres à l'usage des bibliothèques populaires ;

Le catalogue des livres pour étrennes ;

Le catalogue des fournitures de classes ;

Le catalogue du matériel nécessaire pour l'enseignement pratique des sciences.

ENSEIGNEMENT DANS LES SALLES D'ASILE

Livres, Tableaux, Images, Registres.

Alphabet mural en caractères romains. 26 lettres de 18 centimètres de hauteur sur 12 centimètres de largeur. 1 fr.
Les 26 lettres collées isolément sur carton pour être suspendues. 4 fr.

Alphabet des salles d'asile, 20 tableaux de 50 centimètres de hauteur sur 32 centimètres de largeur. 2 fr.
Les 20 tableaux collés sur dix cartons. Prix. 4 fr. 50 c.

Cerise (Dr). *Le médecin des salles d'asile,* ou manuel d'hygiène et d'éducation physique de l'enfance, destiné aux médecins et aux directeurs de ces établissements, 2e édition. 1 vol. in-8, broché. 3 fr. 50 c.

Chansons à l'usage des salles d'asile, sur des airs connus. Brochure in-8. 75 c.

Chevreau-Lemercier (Mme). *Chants pour les enfants des salles d'asile,* avec les airs notés par MM. Defresne et de la Gestine; 4e édition. 1 vol. in-8. 2 fr.
— *Petites histoires* pour les enfants des salles d'asile, avec un questionnaire à l'usage des maîtres. Gr. in-18. 1 fr. 50 c.

Chiffres arabes destinés à être collés sur mur, 10 chiffres de 16 c. sur 12 c. 50 c.
Les dix chiffres collés isolément sur carton pour être suspendus. 1 fr. 50 c.

Chiffres romains destinés à être collés sur mur, 7 chiffres de 16 centimètres de hauteur sur 12 centim. de largeur. 50 c.
Les sept chiffres collés isolément sur carton pour être suspendus. 1 fr.

Enseignement par les yeux, nouvelles images tirées en couleur par la chromolithographie, accompagnées d'histoires et leçons explicatives:
Les images ont 35 centimètres de hauteur sur 30 centimètres de largeur.
Le collage sur carton de chaque image et le vernissage se payent en sus, 50 c.

Animaux. 1re *série,* 10 sujets : singe; ours; blaireau; loutre; lion; tigre; chat; hyène; loup et renard; chien. 5 fr.
Texte explicatif, par Mme Pape-Carpantier; gr. in-18, illustré. 1 fr. 25 c.
2e *série.* 10 sujets : castor; lièvre; vache et bœuf; mouton; chèvre; chamois; cerf; renne; chameau; girafe. 5 fr.
Texte explicatif, par Mme Pape-Carpantier; gr. in-18, illustré. 1 fr. 25 c.
3e *série,* 10 sujets : porc; sanglier; hippopotame; cheval; âne; rhinocéros; éléphant; kangouroo et sarigue; phoque; baleine. 5 fr.

Texte explicatif, par Mme Pape-Carpantier; gr. in-18, illustré. 1 fr. 25 c.
Les 30 images des 3 premières séries se vendent aussi divisées en : *Animaux domestiques,* 10 sujets, 5 fr., et *Animaux sauvages,* 20 sujets, 10 fr.
4e *série,* 10 sujets : aigle; hibou; perroquet; hirondelle et moineau; coq et poule; dinde et dindon; autruche; héron et cygne; canard et oie; pélican et manchot. 5 fr.
Texte explicatif, par Mme Pape-Carpantier; gr. in-18, illustré. 1 fr. 50 c.
5e *série,* 10 sujets : chauve-souris; paresseux et écureuil; oiseau-mouche; paon; vipère, lézard, tortue et grenouille; carpe, cyprin doré et anguille; araignée et scorpion, ver à soie, abeille, libellule; écrevisse, sangsue et lombric, huître, moule et coraux. 5 fr.
Texte explicatif, par Mme Pape-Carpantier; gr. in-18, illustré. 2 fr.

Culture et emploi du blé, 6 sujets : le labour; les semailles; la moisson; le battage; le moulin; la boulangerie. 3 fr. 50 c.
Texte explicatif, par Mme Pape-Carpantier; gr. in-18, cart. 1 fr.

Histoire sainte, 1re partie, 25 sujets d'après les tableaux des grands maîtres. 15 fr.

Histoire sainte, 2e partie, 25 sujets d'après les tableaux des grands maîtres. 15 fr.

Histoire de N. S. Jésus-Christ, 25 sujets d'après les tableaux des grands maîtres. 15 fr.
Texte explicatif pour les deux parties de l'histoire sainte et pour l'histoire de N. S. Jésus-Christ, par Mme Monternault, née Chevreau-Lemercier; gr. in-18, avec 75 vignettes, cartonné. 1 fr. 50 c.

Histoire de la Sainte-Vierge Marie, 20 sujets d'après les tableaux des grands maîtres. 12 fr.
Texte explicatif, par la Sœur Elisabeth, gr. in-18, illustré, cart. 1 fr.
Recommandé par plusieurs prélats.

Histoire de France, 20 sujets d'après les peintres les plus renommés. 15 fr.

Hommes illustres : 12 sujets de 68 cent. de hauteur sur 47 de largeur : Charlemagne; Saint Louis; Du Guesclin; Gutenberg; Jeanne d'Arc; Christophe

Colomb; Bernard Palissy; Saint Vincent de Paul; Jean Bart; Fénelon; l'abbé de l'Épée, Parmentier   10 fr.
Texte explicatif, par Mme Kergomard 1 vol. grand in-18, avec 12 vign.   2 fr.

Forney (Mme). *Récits enfantins*, 1 vol. grand in-18, avec 31 vignettes, broché. 1 fr.

Gaudon (Mlle), directrice de salle d'asile à Paris. *Premiers exercices de calcul* et petits problèmes raisonnés, accompagnés de questionnaires. Grand in-18, br.   1 fr.

Images pour les salles d'asile, de 35 centimètres de hauteur sur 50 centimètres de largeur environ :
Le collage sur carton de chaque image et le vernissage se payent en sus, 50 c.
ARBRES, ARBUSTES, PLANTES, 6 sujets.
En noir.   2 fr. 50 c.
Coloriés.   5 fr.
ARTS ET MÉTIERS, 10 sujets : le maçon, le menuisier, le serrurier, le charron, le cordonnier, le tisserand, le vannier, le potier, l'imprimeur typographe, l'imprimeur lithographe. En noir.   5 fr.
Coloriés.   10 fr.
HISTOIRE DE FRANCE, 20 sujets en noir, par J. Gérard.   9 fr.
NOTIONS INDUSTRIELLES, 10 sujets: forges, verrerie, mines, machine à vapeur, chemins de fer, fabrique de papier, fabrique d'épingles, filature mécanique, atelier de monnayage, fabrique de savon.
En noir.   5 fr.
Coloriés.   10 fr.
Sept (les) couleurs principales du spectre solaire. 1 feuille.   1 fr.

Mallet (Mme Jules). *Chants pour les salles d'asile*, comprenant des cantiques et des chansons, avec les airs notés; 9e édition. 1 vol. grand in-8, broché.   1 fr. 50 c.

Monternault (Mme), née Chevreau-Lemercier, inspectrice des salles d'asile de l'Académie de Douai : *Nouveau Manuel des comités de patronage et des directrices des salles d'asile*, contenant les lois, décrets, règlements et circulaires concernant ces établissements, et des moyens pratiques pour leur organisation pédagogique et matérielle. 1 vol. in-8, br. 3 fr.

Pape-Carpantier (Mme). *Conseils sur la direction des salles d'asile*; 4e édit, in-18, broché.   1 fr. 50 c.
Ouvrage couronné par l'Académie française et autorisé par le Conseil de l'Instruction publi.

— *Enseignement pratique dans les salles d'asile*, ou premières leçons à donner aux petits enfants, suivies de chansons et de jeux pour les récréations de l'enfance; 5e édition. In-8, avec planches, br.   6 fr.
Ouvrage approuvé par le Saint-Siège et couronné par l'Académie française.
— *Histoires et leçons de choses*, pour les enfants; 8e édition. 1 vol. in-12, avec vignettes, broché.   2 fr. 25 c.
Ouvrage couronné par l'Académie française.
— *Lectures et travail* pour les enfants et les mères, 1 vol. in-12, avec vignettes. 1 f. 25.
— *Jeux gymnastiques* avec chants pour les enfants des salles d'asile; 2e édition. 1 vol. in-8, avec musique et gravures, br.   2 fr.
— *Enseignement de la lecture*, à l'aide du procédé phonomimique de M. Grosselin. 1 vol. gr. in-18, cartonné,   50 c.
— *Tableaux* reproduisant la méthode. 30 tableaux de 50 centimètres de hauteur sur 32 cent. de largeur,   3 fr.
Le collage des 30 tableaux sur 15 cartons se paye en sus,   3 fr. 75
— *Nouveau syllabaire des salles d'asile*, 32 tableaux de 50 centimètres de hauteur sur 32 centim. de largeur, avec un Manuel grand in-18.   3 fr. 50 c.
Le collage des 32 tableaux sur 16 cartons se paye en sus,   4 fr.
On vend séparément :
Chacun des 32 tableaux,   15 c.
Le Manuel, contenant la matière des 32 tableaux reproduits dans le format grand in-18, broché.   25 c.

Régimbeau, ancien instituteur. *Syllabaire-atlas*, méthode de lecture *pour l'enseignement collectif*, à l'usage des salles d'asile et des écoles. (Voir *Enseignement primaire*, page 7.)

Registres prescrits par le règlement des salles d'asile :
1o *Registre des admissions :*
25 feuilles in-folio, cartonné.   5 fr.
40 feuilles, *idem*.   7 fr. 50 c.
2o *Registre du médecin :*
25 feuilles in-folio, cart.   5 fr.
40 feuilles, *idem*.   7 fr. 50 c.
3o *Registre des visites d'inspection :*
25 feuilles in-folio, cart.   5 fr.
40 feuilles, *idem*.   7 fr. 50 c.
4o *Liste mensuelle de présence des enfants:* chaque feuille.   10 c.

Théodore. *Histoires d'enfants*, à l'usage des salles d'asile, 1 vol. gr. in-18, avec 71 vign. dans le texte, broché.   2 fr.

Voir, pour le matériel des salles d'asile, le Catalogue spécial.

ENSEIGNEMENT PRIMAIRE

1° Méthodes d'enseignement, Pédagogie, Législation.

Barrau. *Direction morale pour les instituteurs;* 10e édit. Grand in-18, 1 fr. 25 c.
Ouvrage couronné par l'Académie française.

Bréal (Michel), inspecteur général de l'Instruction publique. *Quelques mots sur l'École.* 1 vol. in-12, br. 1 fr. 25 c.

Brouard et Defodon. *Inspection des écoles primaires;* ouvrage destiné aux aspirants aux fonctions d'inspecteur primaire, aux inspecteurs primaires, aux délégués cantonaux et généralement aux personnes chargées de la direction et de la surveillance des écoles; 3e édit. 1 vol. in-12, broché. 3 fr. 50 c.

Conférences pédagogiques faites aux instituteurs délégués à l'Exposition universelle de 1878; 2e édition. 1 vol. in-12, broché. 3 fr. 50 c.

Delon (M. et Mme). *Méthode intuitive,* selon les méthodes et les procédés de Pestalozzi et de Frœbel. 1 vol. in-8 avec 24 planches, br. 7 fr.

Devoirs d'écoliers américains recueillis à l'Exposition de Philadelphie (1876), par M. F. Buisson, inspecteur général de l'enseignement primaire, et traduits par M. Legrand. 1 fort vol. in-12, avec figures et planches, br. 4 fr.

Devoirs d'écoliers français et étrangers recueillis à l'Exposition de Paris (1878), et mis en ordre par MM. de Bagnaux, Berger, Brouard, Buisson et Defodon. 2 vol. in-12 broché. 7 fr.

On vend séparément :
Devoirs d'écoliers français. 3 fr. 50 c.
Devoirs d'écoliers étrangers. 3 fr. 50 c.
Voir *Travaux de maîtres.*

Dictionnaire de pédagogie et d'instruction primaire, publié sous la direction de M. F. Buisson, par une réunion de membres de l'Université. 2 vol. grand in-8, à 2 colonnes,
Ce dictionnaire se publie par livraisons à 50 centimes.

Manuel général de l'instruction primaire, journal hebdomadaire des instituteurs et des institutrices; rédacteur en chef, M. Defodon. Prix de l'abonnemen pour une année. 6 fr.
Voir, pour plus de détails, page 24.

Mariotti, directeur de l'école normale de Versailles. *Conférences de pédagogie;* 3e édition. 1 vol. in-12, br. 3 fr.

Pichard. *Nouveau code de l'instruction primaire;* 7e édition, donnant l'état de la législation au 1er juin 1878. 1 volume in-18, broché. 2 fr. 50 c.

Regnard (Mme). *Manuel des travaux à l'aiguille;* 2e édition. 1 vol. in-12, avec 90 vignettes dans le texte, br. 2 fr.

Simon (Jules). *L'école;* 9e édition mise au courant des dernières statistiques et de l'état actuel de la législation. 1 vol. in-12, broché. 3 fr. 50 c.

Travaux de maîtres recueillis à l'Exposion de 1878, par MM. de Bagnaux, Berger, Brouard, etc. 1 vol. in-12, br. » »

2° Cours d'éducation et d'instruction pour les enfants des deux sexes de 5 à 14 ans

A L'USAGE DES ÉCOLES ET DES FAMILLES

Par Mme PAPE-CARPANTIER, avec la collaboration de professeurs de lettres et de sciences.

Ce cours est divisé en trois périodes : 1° Élémentaire. — 2° Moyenne. — 3° Complémentaire, précédées de deux années préparatoires.

Les volumes sont imprimés dans le format grand in-18, contiennent des vignettes intercalées dans le texte et se vendent cartonnés.

Première année préparatoire
(de 5 à 7 ans)

Manuel des maîtres, comprenant l'exposé des principes de la pédagogie et le guide de la première année. 2 fr. 50

Enseignement de la lecture, à l'aide du procédé phonomimique de M. Grosselin. 50 c.

Tableaux (30) reproduisant la méthode. 3 fr.

Petites lectures morales; premières notions de grammaire, 50 c.

Premières notions d'arithmétique, de géométrie et du système métrique.   50 c.

Premières notions de géographie et d'histoire naturelle.   75 c.

Deuxième année préparatoire
(de 7 à 8 ans.)

Manuel des maîtres, comprenant : l'application des principes pédagogiques et le guide de la deuxième année.   2 fr. 50

Lectures morales et instructives; grammaire.   1 fr.

Arithmétique; géométrie; système métrique.   1 fr.

Géographie; premières notions sur quelques phénomènes naturels.   75 c.

Histoire naturelle, leçons préparatoires à l'étude de l'hygiène.   1 fr.

Période élémentaire
(de 8 à dix ans)

Manuel des maîtres, guide pratique de la période élémentaire.   2 fr. 50

Grammaire avec exercices, lectures et dictées.   1 fr. 50 c.

Arithmétique; géométrie appliquée; système métrique.   1 fr. 50 c.

Premiers éléments de cosmographie; géographie.   1 fr. 50

Histoire naturelle.   1 fr. 50

Premières notions d'hygiène, de physique et de chimie.   1 fr.

Période moyenne
(de 10 à 12 ans)

Grammaire, accompagnée de dictées-exercices.   1 fr. 50

Éléments de cosmographie; géographie de l'Europe.   2 fr. 50

Hygiène, physique et Chimie.   2 fr.

Arithmétique; système métrique; géométrie; dessin.   2 fr.

Histoire naturelle, sous presse.

La période complémentaire est en préparation.

3° Manuels

A l'usage des aspirants et aspirantes aux brevets de capacité d'enseignement primaire et des candidats au volontariat d'un an.

Manuel d'examen pour les brevets de capacité d'enseignement primaire, rédigé conformément à la loi du 14 mai 1850 et de l'arrêté ministériel du 3 juillet 1868, par MM. Berger, inspecteur primaire à Paris; Brouard, inspecteur général de l'enseignement primaire; Defodon, professeur à l'École normale primaire de la Seine; Demkès et Devie.

Partie obligatoire. Petit in-16, cart.   5 fr.
Partie facultative. Sous presse.

Manuel d'examen pour le volontariat d'un an, rédigé d'après les dernières instructions ministérielles :

I. *Instruction primaire*, par MM. Berger, Brouard, Defodon et Demkès. 1 vol. petit in-16, cartonné en percaline. 4 fr.

II. *Instruction professionnelle* (Commerce. — Industrie. — Agriculture), par MM. Brouard, Coupin, Poiré et Poirson. 1 vol. petit in-16.   4 fr.

4° Instruction morale et religieuse, Livres d'offices.

Abrégé de l'histoire sainte, par demandes et par réponses. Édition revue et annotée par M. l'abbé Doubet. In-18, cartonné.   50 c.

Épitres et Évangiles des dimanches et fêtes de l'année. Édition revue par M. l'abbé Legravereng. 1 vol. in-18, cartonné.   50 c.

Édition approuvée par Mgr l'év. de Coutances.

Épitres et Évangiles des dimanches et des principales fêtes de l'année, *extraits des traductions de Bossuet*, mis en ordre, complétés et accompagnés de notes prises en partie du même auteur; par M. Wallon, membre de l'Institut. In-18, cartonné.   75 c.

Ouvrage approuvé ou recommandé par un grand nombre de prélats et adopté pour les écoles communales de la ville de Paris.

Fleury. *Petit catéchisme historique*, avec les demandes et les réponses. In-18. 30 c.

Édition approuvée par Mgr l'arch. de Cambrai.

— *Mœurs des israélites et des chrétiens.* Édition revue et annotée par M. l'abbé Legravereng. In-12, cart   1 fr. 20 c.

Édit. recommandée par Mgr l'Év. de Coutances

Histoire abrégée de l'Ancien Testament, avec celle de N. S. Jésus-Christ, où sont contenues ses principales actions. Édition revue et annotée par M. l'abbé Legravereng. In-12, cart. 90 c.

Édit. recommandée par Mgr l'Év. de Coutances.

Lhomond. *Doctrine chrétienne* en forme de lectures de piété. Édition revue par M. l'abbé Delacouture. In-12. 1 fr. 10 c.

— *Histoire abrégée de la religion* avant la venue de Jésus-Christ. Édition revue par M. l'abbé Doubet. In-12, cart. 1 fr. 10 c.

— *Histoire abrégée de l'Église.* Édition revue et continuée jusqu'à nos jours par M. l'abbé Doubet. In-12, cart. 1 fr. 10 c.

Monternault (Mme), inspectrice des salles d'asile de l'Académie de Douai. *Simples récits sur l'ancien et le nouveau Testament.* 1 vol. grand in-18 avec 75 vignettes, cartonné. 1 fr. 50 c.

Ouvrage approuvé par plusieurs prélats.

Paroissien romain à l'usage des pensionnats et des communautés, contenant les offices des dimanches et fêtes de l'année, *avec les plains-chants en notation moderne* et dans un diapason moyen, par M. F. Clément. 1 vol. in-18, br. 2 f. 50

La reliure, en basane gaufrée, tranche marbrée, se paye en sus 1 fr.; avec tranche dorée, 1 f. 75; la reliure, en chagrin, tranche dorée, 4 fr. 50. Approuvé par plusieurs prélats.

Ségur (comtesse de). *Évangile d'une grand'mère.* 1 vol. in-12, cart. 1 fr. 50 c.

Ouvrage approuvé par plusieurs prélats.

Wallon, membre de l'Institut. *Vie de N. S. Jésus-Christ* selon les quatre Évangélistes. Livre de lecture courante à l'usage des écoles primaires; 3e édition. 1 volume in-12, cartonné. 1 fr.

Ouvrage approuvé ou recommandé par un grand nombre de prélats.

5º Méthodes de Lecture.

Alphabet et premier livre de lecture. 1 vol. grand in-18, avec figures, broché. 30 c.

Cartonné. 35 c.

L'*Alphabet* seul, br. 10 c.; cart. 15 c.

Le premier livre de lecture seul. Grand in-18, broché, 20 c.; cartonné. 25 c.

Régimbeau, ancien instituteur. Nouvelle méthode simplifiant l'enseignement de la lecture par la décomposition du langage en sous pars et en sous articulés.

Cette méthode a été adoptée pour les écoles communales de la ville de Paris, couronnée par la Société pour l'Instruction élémentaire, honorée d'une médaille d'argent à l'Exposition universelle de 1878.

— *Syllabaire*, avec 33 vignettes intercalées dans le texte. In-12, cartonné. 60 c.

Ce syllabaire, pouvant se diviser en trois livrets qui se vendent séparément chacun 20 cent., est ainsi à la portée des plus petites écoles.

— *Syllabaire-atlas pour l'enseignement collectif*, à l'usage des écoles et des salles d'asile, 72 tableaux imprimés en caractères de grande dimension, pour être lus à longue distance par tous les élèves d'une même classe. Lesdits tableaux réunis et cart. en 1 vol. in-folio. 10 fr.

Le même, en feuilles, permettant d'appliquer lesdits tableaux de lecture à l'enseignement par groupes dans les écoles et les salles d'asile. 6 fr.

Le collage sur 36 cartons se paye en sus, 9 fr.

— *Petit syllabaire*, reproduisant textuellement, ligne par ligne, la matière des 72 tableaux du *Syllabaire-atlas*. 1 vol. in-18, cart. 30 c.

Le *petit syllabaire* est l'instrument de l'élève comme le *syllabaire-atlas* est l'instrument du maître. Le petit syllabaire a été disposé pour que l'élève suive des yeux et indique du doigt, sur son propre livre, les différentes parties de la leçon, au fur et à mesure que le maître les explique sur le *Syllabaire-atlas*.

— *Tableaux de lecture spécialement destinés à l'enseignement par groupes*, 38 tableaux contenant des exercices plus nombreux et plus variés que ceux des tableaux précédents, mais imprimés en caractères moins gros. 3 fr.

Le collage sur 19 cartons se paye en sus, 4 f. 75.

— *Grand tableau mural méthodique*, composé pour faciliter l'enseignement de la lecture dans les classes nombreuses et représentant en très gros caractères les divers éléments de la lecture, groupés dans un ordre gradué. Dimension : 1 m. 60 c. de hauteur sur 2 m. 40 c. de largeur. 5 fr.

Le collage sur toile avec gorge et rouleau se paye en sus 12 fr.

Le même tableau, format réduit, pour les petites écoles, à 1 m. 20 c. de hauteur sur 1 mètre 80 c. de largeur.   2 fr. 50 c.
Le collage sur toile avec gorge et rouleau se paye en sus, 6 fr.

Schüler. *Enseignement simultané de la lecture et de l'écriture : Livre de l'élève.* 1re partie, caractères d'écritures, in-8, avec vignettes, cartonné.   30 c.
2e partie, caractères imprimés, in-8, cartonné.   30 c.
Livre du maître, in-8, cartonné.   40 c.
Tableaux in-folio.   » »

Tableaux de lecture, avec ou sans épellation par MM. Lamotte, Perrier, Meissas et Michelot. 50 tableaux.   3 fr.
Les mêmes, augmentés de 16 tableaux supplémentaires. 66 tableaux.   4 fr.
Les 16 tableaux supplémentaires.   1 fr.
Manuel des tableaux de lecture, à l'usage des maîtres. In-8°, br.   1 fr.
Le même, à l'usage des élèves. Grand in-18, broché, 25 c. ; cart.   30 c.
Tableaux de lecture, extraits de l'*Alphabet* et *Premier livre de lecture.* 24 tableaux.   1 fr.

6° Livres de Lecture courante.

§ 1. *Écoles primaires de garçons et de filles.*

Altemont (d'). *Choix de poésies* propres à être apprises par cœur, extraites de divers auteurs et accompagnées de notes. 1 vol. in-18.   75 c.

Aulard, inspecteur d'académie. *Premières leçons de lecture courante.* Grand in-18, avec vignettes, cart.   60 c.

— *Deuxièmes leçons de lecture courante.* Grand in-18, avec vignettes, cart.   60 c.

— *Nouvelles leçons de lecture courante.* Grand in-18, avec vignettes, cart.   1 fr.

Barrau. *Devoirs des enfants envers leurs parents.* In-18, avec vignettes, cart. 50 c.
Autorisé par le Conseil de l'Instruction publique.

— *Félix*, ou le jeune cultivateur. 1 vol. in-18 avec 4 vignettes, cart.   50 c.

— *Livre de morale pratique*, ou choix de préceptes et de beaux exemples. In-12 de près de 500 pages, avec vignettes, cartonné.   1 fr. 50 c.
Approuvé par un grand nombre de prélats.

— *La patrie*, description et histoire de la France. In-12, avec vign., cart. 1 fr. 50 c.
Ouvrage dont l'introduction dans les écoles est autorisée par le Conseil de l'Instr. publique.

Barrau-Heuzé : *Simples notions sur l'agriculture.* 1 vol. in-12, cart.   1 fr. 50 c.
Voir *Agriculture*, page 18.

Bibliothèque manuscrite des écoles primaires, ou exercices de lecture dans les manuscrits :
1re PARTIE : *Choix gradué de 50 sortes d'écritures* pour exercer à la lecture des manuscrits. 1re édition. 4 cahiers composés chacun de 32 pages grand in-8, et contenant :

Le cahier n° 1. *Préceptes de conduite pour les enfants, et anecdotes instructives.*
Le cahier n° 2. *Principaux événements de l'histoire ancienne et de l'histoire moderne.*
Le cahier n° 3. *Modèles d'actes et de factures. Notions industrielles.*
Le n° 4. *Modèles de style épistolaire.*
Les 4 cahiers réunis, cart.   1 fr. 30 c.
Chaque cahier. La douzaine, 3 fr. 90 c.
Autorisé par le Conseil de l'Instr. publique.
Reproduction du texte des écritures en caractères typographiques, à l'usage des maîtres. In-8°, br.   1 fr. 30 c.
Le même ouvrage. Nouvelle édition refondue par M. Barrau. 4 cahiers composés chacun de 32 pages, grand in-8.
Cartonné,   1 fr. 30 c.
Chaque cahier. La douzaine, 3 fr. 90 c.
Ouvrage adopté pour les écoles communales de la ville de Paris.
Reproduction du texte des écritures en caractères typographiques, à l'usage des maîtres. In-8°, br.   1 fr. 30 c.
2e PARTIE : *Premières notions d'histoire naturelle et d'économie domestique*, 4 cahiers ornés de 40 dessins ou vignettes, composés chacun de 32 pages grand in-8, et contenant :
Le n° 1. *Culture et emploi du blé.*
Le n° 2. *Plantes, arbres et arbustes.*
Le n° 3. *Animaux sauvages.*
Le n° 4. *Animaux domestiques.*
Les 4 cahiers réunis, cart.   1 fr. 30 c.
Chaque cahier. La douzaine. 3 fr. 90 c.
Autorisé par le Conseil de l'Instr. publique.

3e PARTIE : *Histoire sainte et histoire de
Notre Seigneur Jesus-Christ*, par M. H.
Wallon, membre de l'Institut, 4 cahiers,
ornés de vignettes, composés chacun de
32 pages grand in-8, et contenant :
Le no 1. *Histoire sainte*, 1re partie.
Le no 2. *Histoire sainte*, 2e partie.
Le no 3. *Histoire sainte*, 3e partie.
Le no 4. *Histoire de Notre Seigneur Jé-
sus-Christ.*

Les 4 cahiers réunis, cart.   1 fr. 30 c.
Chaque cahier. La douzaine. 3 fr. 90 c.

4e PARTIE : *Manuel épistolaire*, ou lettres choisies de grands écrivains et de
personnages célèbres : 4 cahiers composés chacun de 32 pages in-8, et contenant :
Le no 1. *Lettres morales et instructives.*
Le no 2. *Lettres historiques et littéraires*
Le no 3. *Lettres badines et familières.*
Le no 4. *Lettres de genres et de styles
divers.*

Les 4 cahiers réunis, cart.   1 fr. 30 c.
Chaque cahier. La douzaine. 3 fr. 90 c.

Calemard de La Fayette. *Petit Pierre*
ou le bon cultivateur. 1 vol. in-12, avec
vignettes, cart.   1 fr. 10 c.
Ouvrage dont l'introduction dans les écoles est
autorisée par le ministre de l'Instr. publique.

Carraud (Mme). *Contes et historiettes*
à l'usage des jeunes enfants qui commen-
cent à savoir lire. 1 vol. in-12, avec 21 vignettes, cart.   1 fr. 10 c.
Ouvrage adopté pour les écoles communales de
la ville de Paris.

— *Maurice ou le travail.* 1 vol. in-12, avec
8 vignettes, cart.   1 fr. 10 c.

Ouvrage dont l'introduction dans les écoles publiques est autorisée par le ministre de l'Instruction publique et approuvé par plusieurs
prélats.

— *La petite Jeanne ou le devoir*, livre de
lecture courante, à l'usage des écoles primaires de filles. 1 vol. in-12, avec 9 vignettes, cart.   1 fr. 10 c.

Ouvrage dont l'introduction dans les écoles est
autorisée par le ministre de l'Instruction publique, couronné par l'Académie française et
approuvé par plusieurs prélats.

Choix de fables *de la Fontaine, Florian*
et autres auteurs. Nouvelle édition
augmentée et annotée, par A. Desportes.
In-18, cart.   50 c.

Choix de fables tirées de la Fontaine,
de Florian et autres fabulistes, par

M. Delapalme. Grand in-18, broché,
15 c.; cart.   20 c.

Civilité chrétienne (petite), ou règles
de la bienséance, imprimée en caractères
gradués. In-18, broché 20 c.; cart. 25 c.
Autorisé par le Conseil de l'Instr. publique.

Gortambert. *Les trois règnes de la
nature*, simples lectures sur l'histoire
naturelle ; nouvelle édition, avec 213 vignettes intercalées dans le texte. 1 vol.
in-12, cart.   1 fr. 50 c.

Cuir, instituteur. *Les petits écoliers*, lectures courantes sur les défauts et les
qualités des enfants. 5e édit. Grand in-18,
avec 38 vignettes, cart.   90 c.

Daniel (Mgr), ancien évêque de Coutances.
Choix de lectures en prose et en vers,
extraites des auteurs classiques, ou leçons
abrégées de littérature et de morale. Nouvelle édition avec 32 vignettes. 1 vol.
in-18, cart.   1 fr. 60 c.
Autorisé par le Conseil de l'Instr. publique.

Delapalme. *Premières lectures dans les
manuscrits.* Grand in-18 de 36 pages, broché, 15 c.; cart.   20 c.
— *Le premier livre des petits enfants.* 1 vol.
in-18, avec 28 vignettes, cart.   50 c.
— *Premier livre de l'enfance*, ou exercices
de lecture et leçons de morale, à l'usage
des très-jeunes enfants. 1 vol. grand in-18,
imprimé en très-gros caractères, avec
vignettes, cart.   60 c.
Autorisé par le Conseil de l'Instruction publique
et adopté pour les écoles de la ville de Paris.
— *Premier livre de l'adolescence*, ou exercices de lecture et leçons de morale. 1 vol.
grand in-18, imprimé en caractères gradués, avec vignettes, cartonné.   60 c.
Autorisé par le Conseil de l'Instruction publique
et adopté pour les écoles de la ville de Paris.

Delon. *Lectures expliquées ;* tableaux et
récits. 1 vol. in-12, avec 81 vignettes, cartonné.   1 fr.

Du Bos d'Elbhecq (Mme). *Le père Far-
geau*, ou la famille du peigneur de chanvre,
précédé d'une préface par M. l'abbé Fau-
det. 1 vol. in-12, cart.   1 fr. 25 c.
Autorisé par le ministre de l'Instruction publique, et approuvé ou recommandé par un
grand nombre de prélats.

Durand, inspecteur d'académie. *Lectures
choisies sur l'histoire de notre patrie.*
1 vol. in-12, avec vignettes, cart. 1 fr. 50 c.

Fénelon. *Les aventures de Télémaque.*
1 vol. petit in-16, cart.   1 fr. 25 c.
— *Fables*, par M. Ad. Reguier. 1 vol. petit
in-16, avec vignettes, cart.   75 c.

— *Morceaux choisis*, à l'usage des enfants, publiés par M. Ad. Regnier. 1 vol. in-18, cartonné. 80 c.

Figuier. *Les grandes inventions modernes* dans les sciences, l'industrie et les arts. 1 vol. in-12 av. grav., cart. 1 fr. 50 c.

Florian. *Fables*, suivies des poëmes de Ruth et de Tobie, avec des notes de M. Geruzez. Petit in-16, cart. 75 c.

Garrigues et Boutet de Monvel. *Simples lectures sur les sciences, les arts et l'industrie.* Nouvelle édition refondue et accompagnée de 157 figures dans le texte. 1 fort vol. in-12, cart. 1 fr. 80 c.

Guérin. *Premières lectures*, contenant : des lectures morales et des premières notions sur toutes choses ; des fables et des poésies diverses. 1 vol. in-12 avec vignettes, cartonné. 1 fr. 20 c.

— *Introduction à la lecture courante.* In-12, avec vignettes, cart. » »

Jost, inspecteur primaire, et **Humbert.** *Lectures pratiques.* 1 vol. in-12 avec vignettes, cart. 1 fr. 10 c.

La Fontaine. *Choix de fables*, avec une notice bibliographique et des notes tirées de l'édition classique publiée par M. Geruzez. In-18, cart. 1 fr.

Lebrun, ancien inspecteur des écoles primaires de la Seine. *Livre de lecture courante*, en quatre parties, contenant la plupart des notions utiles qui sont à la portée des enfants de huit à douze ans, 4 vol. in-18, avec vignettes, cartonnés :

Ouvrage dont l'introduction dans les écoles est autorisée par le ministre de l'Instruction publique et adopté pour les écoles communales de la ville de Paris.

Chaque volume se vend séparément et contient une lecture pour chacun des jours de classe du trimestre.

1re partie (janv., fév., mars), 1 fr. 10 c.
2e partie (avril, mai, juin), 1 fr. 10 c.
3e partie (juil., août, sept.), 1 fr. 10 c.
4e partie (octob., nov., déc.), 1 fr. 10 c.

Monternault (Mme), inspectrice des salles d'asile de l'Académie de Douai. *Les saisons*, ou simples causeries pour les petites filles de 7 à 10 ans ; 3e édition. Gr. in-18, avec vignettes, cart. 90 c.

Ouvrage approuvé par un grand nombre de prélats.

Pape-Carpantier (Mme). *Lectures et travail pour les enfants et les mères.* In-12, avec 64 vignettes, cart. 1 fr. 25 c.

Parent, ancien inspecteur de l'instruction primaire. *Premières lectures courantes,* comprenant : des lectures sur les connaissances à la portée des enfants ; des récits moraux et instructifs ; des morceaux de poésie ; des préceptes de religion, de morale et de civilité. 1 vol. in-12, avec 33 vignettes, cart. 90 c.

Pellissier. *La gymnastique de l'esprit,* modèles et sujets d'exercices oraux et écrits, forzat grand in-18, cartonné.

Ouvrage adopté pour les écoles communales de la ville de Paris.

1re partie : Observation des choses et des êtres, pour les enfants de 5 à 8 ans, 1 vol. avec figures, 60 c.

2e partie : Jugements et raisonnements sur les choses et les êtres, pour les enfants de 7 à 10 ans. 1 vol. 80 c.

3e partie : Directions pour la mémoire et l'imagination, pour les enfants de 9 à 13 ans. 1 vol. 60 c.

4e partie : Education du sens moral et religieux, pour les enfants de 10 à 16 ans. 1 vol. 1 fr. 50 c.

5e partie : Education du goût, pour les enfants, de 13 à 18 ans. 1 vol. 1 fr. 40 c.

Poiré. *Simples lectures sur les principales industries.* 1 vol. in-12, avec 163 vignettes dans le texte, cart. 1 fr. 50 c.

— *Premières notions sur l'industrie,* extraites du précédent ouvrage. 1 vol. in-18, avec vignettes, cartonné. 80 c.

Psautier de David, en latin, avec une instruction sur la manière de prononcer le latin. Nouvelle édition revue par M. l'abbé Doubet. In-18, cart. 60 c.

Édition approuvée par Mgr l'archevêque de Paris.

Soulice. *Premières connaissances.* 1 vol. grand in-18, avec vignettes, cart. 30 c.

Wirth (Mlle). *Le livre de lecture courante des jeunes filles chrétiennes :*

1re partie, à l'usage des classes élémentaires ; 3e édition. 1 v. in-18, cart. 90 c.
2e partie, à l'usage des classes supérieures. 1 vol. in-12, cart. 1 fr. 40 c.

§ 2. *Classes d'adultes.*

Bibliothèques populaires et Récompenses.

Chaque volume, format in-12, se vend : broché, 1 fr. 25 c.; cartonné en percaline gaufrée, avec titre doré, 1 fr. 75 c.

Agassiz (M. et Mme). *Voyage au Brésil.* 1 vol.

Aunet (Mme d'). *Voyage d'une femme au Spitzberg.* 1 vol.

Badin. *Duguay-Trouin.* 1 vol.

— *Jean Bart.* 1 vol.

Baines. *Voyage dans le sud-ouest de l'Afrique.* 1 vol.

Baker. *Le lac Albert*, nouveau voyage aux sources du Nil. 1 vol.

Baldwin. *Du Natal au Zambèse.* 1 vol.

Barrau. *Conseils aux ouvriers.* 1 vol.

Bernard. *Vie d'Oberlin.* 1 vol.

Bonnechose (E. de). *Bertrand du Guesclin.* 1 vol.

— *Le général Hoche.* 1 vol.

Burton. *Voyage à la Mecque, aux grands lacs d'Afrique et chez les Mormons.* 1 vol.

Calemard de La Fayette. *La prime d'honneur.* 1 vol.

— *L'agriculture progressive.* 1 vol.

Carraud (Mme). *Une servante d'autrefois.* 1 vol.

— *Les veillées de maître Patrigeon*, entretiens familiers sur l'impôt, le travail, la richesse, la propriété, l'agriculture, la famille, la tempérance, etc. 1 vol.
  Ouvrage couronné par l'Académie française.

Charton. *Histoire de trois enfants pauvres.* 1 vol.

Corne. *Le cardinal Mazarin.* 1 vol.

— *Le cardinal de Richelieu.* 1 vol.

Corneille (Pierre). *Chefs-d'œuvre.* 1 vol.

Deberrypon. *La boutique de la marchande de poissons.*

Duval (Jules). *Notre pays.* 1 vol.

Ernouf (le baron). *Histoire de trois ouvriers français :* Richard Lenoir, Bréguet, Brézin. 1 vol.

— *Deux inventeurs célèbres.* Philippe de Girard, Jacquart. 1 vol.

— *Denis Papin*, sa vie et son œuvre. 1 vol.

— *Les inventeurs du gaz et de la photographie :* Lebon d'Humbersin, Nicéphore Niepce, Daguerre. 1 vol.

Flammarion et Delon. *Petite astronomie descriptive*, adoptée aux besoins de l'enseignement. 1 vol. avec 100 figures.

Fonvielle (de). *Le glaçon du Polaris.* Aventures du capitaine Tyson. 1 vol.

Franck (Ad.). *Morale pour tous.* 1 vol.

Franklin. *Œuvres*, traduites et annotées par M. Ed. Laboulaye. 5 vol.
  Mémoires. 1 vol.
  Correspondance. 3 vol.
  Essais de morale. 1 vol.

Gœpp et Ducoudray. *Le patriotisme en France.* 1 vol.

Guillemin *La lune.* 1 vol. illustré.

— *Le soleil.* 1 vol. illustré.

— *Les étoiles.* 1 vol. illustré.

— *La lumière et les couleurs.* 1 vol. illustré.

— *Le son.* 1 vol. illustré.

Hauréau. *Charlemagne et sa cour.*

Hayes. *La mer libre du pôle.* 1 vol.

Joinville. *Histoire de saint Louis*, texte rapproché du français moderne, par Natalis de Wailly. 1 vol.

Jonveaux. *Histoire de quatre ouvriers anglais :* Henri Maudslay, G. Stephenson, W. Fairbairn, James Nasmyth. 1 vol.

— *Histoire de trois potiers célèbres :* Bernard Palissy, Wedgwood, Böttger. 1 vol.

Jouault. *Abraham Lincoln.* 1 vol.

— *George Washington.* 1 vol.

Labouchère. *Oberkampf.* 1 vol.

Lacombe. *Petite histoire du peuple français.* 1 vol.

La Fontaine. *Choix de fables.* 1 vol.

Lanoye (de). *Le Nil et ses sources.* 1 vol.

Le loyal serviteur. *Histoire du gentil seigneur de Bayart*, abrégée par A. Feillet. 1 vol.

Lescure (de). *Vie de Henri IV.* 1 vol.

Livingstone. *Explorations dans l'Afrique australe.* 1 vol.

— *Dernier journal.* 1 vol.

Mage. *Voyage dans le Soudan occidental.* 1 vol.

Meunier (Mme). *Entretiens familiers sur l'hygiène.* 1 vol.

— *Entretiens familiers sur la botanique.* 1 vol.

Milton et Cheadle. *Voyage de l'Atlantique au Pacifique.* 1 vol.

Molière. *Chefs-d'œuvre.* 2 vol.

Mouhot. *Voyage dans le royaume de Siam.* 1 vol.

Müller. *La boutique du marchand de nouveautés.* 1 vol.

— *La machine à vapeur.* 1 vol.

Palgrave. *Une année dans l'Arabie.* 1 vol.

Perron D'Arc. *Aventures d'un voyageur en Australie.* 1 vol.

Pfeiffer (Mme). *Voyages autour du monde.* 1 vol.

Piotrowski. *Souvenirs d'un Sibérien.* 1 v.

Poirson. *Guide de l'orphéoniste.* 1 vol.

Racine (Jean). *Chefs-d'œuvre.* 2 vol.

Reclus (Elisée). *Les phénomènes terrestres.* 2 vol.

Rendu (V.) *Principes d'agriculture.* 2 vol.

— *Mœurs pittoresques des insectes.* 1 vol.

Shakspeare. *Chefs-d'œuvre.* 3 vol.

Schweinfurth. *Au cœur de l'Afrique.* 1 vol.

Speke. *Les sources du Nil.* 1 vol.

Stanley. *Comment j'ai retrouvé Livingstone.* 1 vol.

Vambéry. *Voyages d'un faux derviche dans l'Asie centrale.* 1 vol.

7° Écriture.

Nouvelle méthode d'écriture des frères Maristes. Guide pratique, sûr, prompt et facile, pour arriver à une bonne et belle écriture; 12 cahiers in-4° couronne à l'italienne (8 cahiers d'anglaise, 2 de ronde, 1 de gothique et 1 de bâtarde et de française), avec couverture. Chaque cahier.   9 c.

Taupier. *Nouveaux cahiers d'écriture cursive,* destinés à être repassés à l'encre par les élèves. 10 cahiers. Chaque cahier. 9 c.

— *Nouveaux cahiers d'écriture bâtarde,* ronde et gothique; 6 cahiers in-8 oblong (2 cahiers de chaque sorte). Prix de chaque cahier.   15 c.

— *Guide des nouveaux cahiers pour les écritures bâtarde et ronde.* 1 cahier de 32 pages in-8 oblong.   75 c.

— *Guide des nouveaux cahiers pour l'écriture gothique.* 1 cahier de 32 pages in-8 oblong.   75 c.

Thiolat : *L'enseignement de l'écriture par les procédés combinés de l'imitation et du calque.* Huit cahiers gradués de 20 pages in-4° couronne. Chaque cahier,   9 c.

8° Étude de la langue française.

Altemont (d'). *Narrations et lettres* (sujets et corrigés). 1 vol. in-12, br. 2 fr. 50 c.

— *Choix de poésies,* propres à être apprises par cœur, extraites de divers auteurs et accompagnées de notes. In-18, cart. 75 c.

Barrau. *Méthode de composition et de style,* ou principes de l'art d'écrire en français, suivis d'un choix de modèles en prose et en vers; 11e édition. 1 vol. in-12, cartonné.   2 fr. 75 c.

Bonnaire. *Cours de thèmes français* ou exercices d'orthographe, de syntaxe, d'analyse et de ponctuation. In-12, cartonné.   1 fr. 20 c.

Corrigé des thèmes. In-12, br. 1 fr. 50 c.

Brachet, lauréat de l'Académie française, et **Dussouchet,** agrégé de grammaire. *Petite grammaire française,* fondée sur l'histoire de la langue. 1 vol. in-12, cartonné.   80 c.

Ouvrage adopté par les écoles communales de la ville de Paris.

Voir *Dussouchet* pour les Exercices.

Brouard, inspecteur général de l'enseignement primaire, et Mme Berger, *Cours élémentaire de grammaire française.* 2 vol. in-12, cartonnés;

Livre du maître. 1 vol.   1 fr. 50 c.

Livre de l'élève. 1 vol.   » »

Carraud (Mme). *Lettres de familles,* ou modèles de style épistolaire pour les circonstances ordinaires de la vie; 4e édition. 1 vol. in-12, cart.   1 fr. 10 c.

Defodon, rédacteur en chef du Manuel général de l'instruction primaire. *Cours de dictées;* 8e édition. In-12 cart. 2 fr.

Dussouchet. *Exercices sur la petite grammaire française* de MM. Brachet et Dussouchet. *Livre de l'élève.* 1 vol. in-12, cartonné.   80 c.

Livre du maître. 1 vol. in-12, cart.   1 fr.

Lhomond. *Éléments de la grammaire française.* In-12, cart.   30 c.

— *Abrégé de la grammaire française.* Grand in-18 de 36 pages, br., 15 c.; cartonné,   20 c.

Littré et Beaujean, inspecteur de l'Académie de Paris. *Abrégé du dictionnaire de la langue française de Littré,* contenant tous les mots qui se trouvent dans le dictionnaire de l'Académie française, plus un grand nombre de néologismes et de termes de science et d'art, avec l'indication de l   prononciation, de l'étymologie

et l'explication des locutions proverbiales
et des difficultés grammaticales. 1 fort
vol. in-8 de 1300 pages, broché. 12 fr.;
cartonné en toile verte, 13 fr. 50 c.; relié
en demi-chagrin. 16 fr.

Le même ouvrage, augmenté d'un supplément mythologique, historique, biographique et géographique, broché,
13 fr.; cartonné en toile, 14 fr. 50 c.;
relié en demi-chagrin. 17 fr.

— *Petit dictionnaire universel*, comprenant
un abrégé du dictionnaire de la langue
française de Littré, une partie mythologique, historique, biographique et géographique. 1 fort vol. grand in-16 de
908 pages, cart. 3 fr.

Le même ouvrage, sans la partie mythologique, historique, biographique et
géographique. 1 vol. grand in-16 de 686
pages, cartonné. 2 fr. 75 c.

La partie mythologique, historique, biographique et géographique se vend
séparément sous le titre de *Petit Dictionnaire d'histoire et de géographie*.
1 vol. grand in-16, cart. 1 fr. 25 c.

Regnard (Mme). *Cours de dictées* à l'u-
sage des jeunes filles. In-12. 1 fr. 80 c.

— *Compositions françaises*, à l'usage des
jeunes filles. 1 vol. in-12, cart. 1 fr. 50 c.

Sardou. *Traité de la conjugaison des
verbes.* In-12, cart. 50 c.

Sommer. *Grammaire des écoles primaires*, avec de nombreux exercices; 6e édition. 1 vol. in-12, cartonné. 80 c.

— *Grammaire des jeunes filles*, avec des
exercices spécialement rédigés par Mme
Cécile Regnard. 1 vol. in-12, cart. 80 c.

— *Manuel de l'art épistolaire*; 4e édit.
2 vol. grand in-18, brochés. 3 fr. 25 c.

On vend séparément :

Sujets et préceptes de lettres, à l'usage
des élèves. 1 vol. 1 fr. 25 c.

Modèles de lettres, à l'usage des maîtres.
1 vol. 2 fr.

— *Manuel de style*, ou préceptes et exercices sur l'art d'écrire et de composer en
français, contenant des morceaux écrits
en vieux style à rajeunir, des vers à
mettre en prose, des exercices sur les
homonymes et les synonymes, des sujets
de fables, lettres, narrations et discours;
7e édition. 2 vol. grand in-18, br. 3 fr.

On vend séparément :

Préceptes et exercices, à l'usage des
élèves. 1 vol. 1 fr. 50 c.

Modèles, à l'usage des maîtres. 1 volume. 1 fr. 50 c.

— *Petit dictionnaire des synonymes français*, avec 1° leur définition; 2° de nombreux exemples tirés des meilleurs écrivains; 3° l'explication des principaux
homonymes français. 1 vol. in-18, cartonné. 1 fr. 80 c.

Soulice. *Petit dictionnaire de la langue française*, à l'usage des écoles primaires. Nouvelle édition entièrement refondue. 1 vol. in-18, cart. 1 fr. 50 c.

Le même ouvrage, suivi d'un *complément
historique et géographique*, par M. Soulice fils. 1 vol. in-18, cart. 1 fr. 80 c.

Soulice et Sardou. *Petit dictionnaire
raisonné des difficultés et exceptions de
la langue française.* In-18, cart. 2 fr.

9° Géographie.

§ 1er. *Livres, Atlas.*

Ansart. *Petite géographie moderne*; 138e
édition avec 30 vignettes dans le texte.
1 vol. in-18, cart. 80 c.
Autorisé par le Conseil de l'Instr. publique.

Atlas départemental de la France
(Petit), contenant 102 cartes coloriées.
1 vol. petit in-8°, cartonné. 1 fr.

Belin de Launay, inspecteur honoraire
d'académie. *Petite géographie de la
France.* Grand in-18 de 36 pages, broché,
15 c.; cartonné. 20 c.

Brouard, inspecteur général de l'enseignement primaire : *Leçons de géographie.*
4 vol. in-12, avec vignettes :

Cours élémentaire. — Livret de l'élève,
pouvant servir en même temps de livre
de lecture dans les petites classes.
1 vol. 75 c.

Livre du maître, pouvant en outre servir
de livre de lecture dans les classes
moyennes et supérieures. 1 vol. in-12,
cartonné. 1 fr. 50 c.

Cours moyen, préparatoire au certificat
d'études. 1 fr. 20 c.

Cours supérieur. 1 vol. 1 fr. 20 c.

Cortambert. *Petite géographie illustrée
du premier âge*, à l'usage des écoles et des
familles, présentée sous forme d'entretiens. 5e édition. 1 vol. in-18, avec 88 vignettes ou cartes; cart. 80 c.

— *Petite géographie illustrée de la France*,
à l'usage des écoles primaires, 1 vol. in-18,

contenant 75 vignettes dans le texte, cartonné en percaline gaufrée. 80 c.

— *Petit atlas primaire*, composé de 15 cartes tirées en couleur. 1 volume petit in-8, broché. 50 c.

— *Petit atlas élémentaire de géographie moderne*, à l'usage des écoles et des familles, composé de 22 cartes tirées en couleur. 1 vol. in-4, br. 90 c.

Le même, accompagné d'un texte explicatif en regard de chaque carte. 1 vol. in-4, cart. 1 fr. 10 c.

L'Atlas, sans texte, suivi d'une carte du département demandé, br. 1 fr. 15 c.

L'Atlas, avec texte, suivi d'une carte du département demandé, cart. 1 fr. 35 c.

— *Petite géographie* à l'usage des écoles primaires; 10e édition, 1 vol. in-18, avec 24 vignettes, cartonné. 60 c.

— *Petit atlas géographique du premier âge*, contenant 9 cartes coloriées, et précédé d'un texte explicatif. Grand in-18, cartonné. 80 c.

Ouvrage dont l'introduction dans les écoles est autorisée par M. le ministre de l'Instruction publique.

— *Petit cours de géographie moderne*, contenant de nombreux exercices; 16e édition. In-12, avec 63 vignettes dans le texte, cartonné. 1 fr. 50 c.

Autorisé par le Conseil de l'Instr. publique.

— *Petit atlas de géographie moderne*. Nouvelle édition gravée sur acier. Grand in-8, contenant 20 cartes imprimées en couleur, cartonné. 2 fr. 50 c.

— *Petite géographie générale*. Grand in-18 de 36 pages, broché, 15 c.; cartonné, 20 c.

— *Le globe illustré*, géographie générale à l'usage des écoles et des familles. In-4°, avec 130 vignettes et 16 cartes tirées en couleur, cart. 4 fr.

Fillias. *Géographie de l'Algérie*. 1 vol. in-12, avec une carte, cartonné. 1 fr. 25 c.

Joanne (A.). *Géographies des départements de la France*, contenant la liste complète des communes du département et un dictionnaire alphabétique des localités les plus remarquables.

Chaque département, accompagné de vignettes intercalées dans le texte et d'une carte du département tirée en 4 couleurs, forme un volume in-12 élégamment cartonné et se vend séparément 1 fr.

En vente : *Ain; Aisne; Allier; Ardèche; Aube; Basses-Alpes; Bouches-du-Rhône; Cantal; Charente; Charente-Inférieure; Corrèze; Côte-d'Or; Côtes-du-Nord; Deux-Sèvres; Dordogne; Doubs; Drôme; Finistère; Gironde; Hautes-Alpes; Haute-Saône; Haute-Savoie; Hte-Vienne; Ille-et-Vilaine; Indre; Indre-et-Loire; Isère; Jura; Landes; Loire; Loir-et-Cher; Loire-Inférieure; Loiret; Maine-et-Loire; Meurthe; Morbihan; Nord; Oise; Pas-de-Calais; Puy-de-Dôme; Pyrénées-Orientales; Rhône; Saône-et-Loire; Savoie; Seine-et-Marne; Seine-et-Oise; Seine-Inférieure; Somme; Vendée; Vienne; Vosges.*

— *Petit dictionnaire géographique, administratif, postal, télégraphique, statistique et industriel de la France, de l'Algérie et des colonies;* 2e édition. 1 vol. in-12, cartonné. 6 fr.

Meissas et Michelot. *Petit atlas de géographie moderne* (Atlas A), huit cartes coloriées, gr. in-8, cart. 2 fr. 50 c.

Le même (atlas B), avec les 8 cartes muettes. Cartonné. 3 fr. 50 c.

— *Petite géographie méthodique*, à l'usage des jeunes enfants. In-18, cartonné. 60 c.

— *Géographie sacrée*. In-18, cart. 1 fr. 25 c.

— *Manuel de géographie*. In-18, cart. 75 c.

§ 2. *Cartes murales par MM. Meissas et Michelot.*

Chaque carte est accompagnée d'un questionnaire qui est donné gratuitement aux acquéreurs de la carte à laquelle il se réfère. Chaque questionnaire se vend en outre séparément 30 c.

GRANDES CARTES MURALES

Les cartes en 16 feuilles ont 1 mètre 80 centimètres de hauteur sur 2 mètres 30 cent. de largeur. Celles en 20 feuilles ont 1 mètre 80 cent. de hauteur sur 2 mètres 30 cent. de largeur. Le collage sur toile, avec gorge et rouleau se paye en sus; 1° pour les cartes en 16 feuilles 12 fr.; — 2° pour les cartes en 20 feuilles, 14 fr.

Géographie ancienne.

Empire romain écrit. 16 feuilles. 10 fr.

Italie et Grèce anciennes écrites. 16 feuilles. 10 fr.

Géographie moderne.

Afrique écrite. 16 feuilles.   10 fr.
Amériques septentrionale et méridionale écrites. 20 feuilles.   12 fr.
L'Amér. septentrionale, séparément, 12 f^lles. 8 fr.
L'Amer. méridionale, séparément, 8 f^lles. 6 fr.
Asie écrite. 16 feuilles.   10 fr.
Europe écrite. 16 feuilles.   9 fr.
France écrite par départements, Belgique et Suisse; nouvelle édition, où l'on a ajouté la division de la France en bassins et la division en gouvernements avant 1789. 16 feuilles.   9 fr.
Mappemonde écrite. 20 feuilles.   12 fr.
Mappemonde muette. 20 feuilles.   10 fr.

NOUVELLES CARTES MURALES.

Ces cartes imprimées en couleurs sur 12 feuilles jésus mesurant ensemble 2 mètres de hauteur sur 2 mètres 10 centimètres de largeur; elles indiquent le relief du terrain.
Le collage sur toile avec gorge et rouleau se paye en sus, 12 fr.
France écrite, 20 feuilles.   15 fr.
Europe écrite, 20 feuilles.   15 fr.

PETITES CARTES MURALES
ÉCRITES.

La France, l'Europe, l'Asie, l'Afrique et la Palestine ont 1 mètre de hauteur sur 1 mètre 30 c. de largeur: la Mappemonde a 1 mètre 10 centimètres de hauteur sur 1 mètre 70 cent. de largeur; l'Amérique a 1 mètre de hauteur sur 1 mètre 95 centimètres de largeur.
Le collage sur toile, avec gorge et rouleau se paye en sus : 1° pour la France, l'Europe, l'Asie, l'Afrique et la Palestine 5 fr.; 2° pour la Mappemonde et l'Amérique,   7 fr.
Afrique, 4 feuilles jésus.   5 fr.
Amériques septentrionale et méridionale, 6 feuilles jésus.   6 fr.
Asie, 4 feuilles jésus.   5 fr.
France, en 89 départements, Belgique et Suisse, 4 feuilles jésus.   4 fr. 50 c.
Europe, 4 feuilles jésus.   4 fr. 50 c.
Mappemonde, 8 feuill. grand raisin.   6 fr.
Palestine, 4 feuilles jésus.]   6 fr.

§ 3. *Grandes cartes murales par M. Erhard.*

Ces cartes sont imprimées en couleurs, sur 4 feuilles grand-monde, et ont 1 mètre 60 cent. de hauteur sur 1 mètre 78 de largeur. Elles indiquent par des teintes graduées la configuration du sol et rendent facile l'étude de la géographie physique.
Le collage sur toile avec gorge et rouleau se paye en sus, 12 francs.
France écrite, d'après la carte oro-hydrographique, publiée sous les auspices du ministère de l'Instruction publique, pas la commission de la topographie der Gaules.   20 fr.
France physique, sans les divisions administratives, publiée d'après la même carte.   20 fr.
Europe, muette ou écrite.   20 fr.
Amérique du Nord, écrite, en préparation.

§ 4. *Petites cartes murales par M. Erhard.*

Ces cartes sont imprimées en couleurs avec teintes graduées sur une seule feuille mesurant 70 cent. de hauteur sur 1 mètre de largeur.
Le collage sur toile avec gorge et rouleau se paye en sus 4 francs.
France muette ou écrite, réduction de la grande carte murale.   6 fr.
Europe muette ou écrite,   6 fr.
D'autres cartes sont en préparation.

§ 5. *Petites cartes murales écrites par M. E. Cortambert.*

Ces cartes sont imprimées en couleurs sur un seul morceau de toile de 95 centimètres de hauteur sur 1 mètre 20 cent. de largeur et ne se vendent que montées sur gorge et rouleau.
Prix de chaque carte.   7 fr.
En vente : France. — Europe. — Palestine.
En préparation : Asie. — Afrique. — Amérique du Nord. — Amérique du Sud. — Océanie. — Planisphère.

10° Histoire.

Brouard, inspecteur général de l'enseignement primaire. *L'histoire de France racontée aux enfants des petites classes.* 2 vol. in-12, cartonnés :
Livre de l'élève, 1 vol. avec vign.   60 c.
Livre du maître, 1 vol.   1 fr. 50 c.

Daniel (Mgr), ancien évêque de Coutances, *Abrégé chronologique de l'histoire universelle.* Nouvelle édition, continuée jusqu'à nos jours par M. Ch. Marie. 1 fort vol. in-12, cartonné.   3 fr. 50 c.

Ducoudray. *Premières leçons d'histoire de France.* Ouvrage rédigé conformément aux programmes de la ville de Paris et du ministère de l'instruction publique (premier degré). 1 vol. in-18, avec vignettes, cartonné. 60 c.
— *Nouvelles leçons d'histoire de France* (2ᵉ degré). 1 vol. in-18 avec vignettes. 1 fr.
Ouvrages adoptés pour les écoles communales de la ville de Paris.
— *Leçons complètes d'histoire de France* (3ᵉ degré), 1 vol. in-12 avec vignettes, cartonné. » »
— *Cent récits d'histoire de France.* 1 vol. in-4º avec 100 vign., cart. 4 fr.

Duruy (V.). *Petit cours d'histoire universelle,* format in-18, cartonné :
Petite histoire sainte. 80 c.
Petite histoire ancienne. 1 fr.
Petite histoire grecque. 1 fr.
Petite histoire romaine. 1 fr.
Petite histoire du moyen âge. 1 fr.
Petite histoire des temps modernes. 1 fr.
Petite histoire de France, depuis les temps les plus reculés, jusqu'à nos jours. 1 fr.
Petite histoire générale. 1 fr.

Ferté. *Petite histoire sainte,* comprenant l'Ancien et le Nouveau Testament ; 8ᵉ édition. 1 vol. in-12 avec vignettes, cart. 70 c.
Ouvrage approuvé par plusieurs prélats.

Geruzez. *Petit cours de mythologie.* Nouvelle édition, avec 48 vignettes. 1 vol. in-12, cart. 1 fr. 25 c.
Autorisé par le Conseil de l'Instr. publique.

Lesieur. *Petite histoire sainte.* Grand in-18 de 36 pages, broché, 15 c. ; cart. 20 c.
— *Petite histoire ancienne.* Grand in-18 de 36 pages, broché, 15 c. ; cart. 20 c.
— *Petite histoire romaine.* Grand in-18 de 36 pages, broché, 15 c. ; cart. 20 c.
— *Petite histoire moderne.* Grand in-18 de 36 pages, broché, 15 c. ; cart. 20 c.
— *Les rois de France* et la chronologie des principaux événements de leur règne. Grand in-18 de 36 pages, br. 15 c., cart. 20 c.
— *Petite mythologie.* Grand in-18 de 72 pages, broché, 25 c. ; cartonné. 30 c.

Meissas et Michelot. *Tableaux d'histoire de France.* 36 tableaux in-folio. 3 fr. 50 c.
— *Manuel d'histoire de France.* In-18. 75 c.

Saint-Ouen (Mme L. de). *Histoire de France,* depuis l'établissement des Francs dans les Gaules jusqu'à nos jours. In-18, cartonné. 80 c.
Autorisé par le Conseil de l'Instr. publique.

Wallon, membre de l'Institut. *Abrégé de l'Histoire sainte* (Ancien et Nouveau Testament). 1 vol. in-18, cart. 75 c.
Ouvrage approuvé par Mgr l'archevêque de Paris, recommandé par un grand nombre d'autres prélats et adopté pour les écoles communales de la ville de Paris.
— *Petite histoire sainte,* extraite de la précédente, avec questionnaire. 1 vol. in-18, cart. 50 c.

11º Arithmétique, Poids et Mesures, Tenue des livres.

Cadrès Marmet. *Principes de tenue de livres très simplifiée,* à partie simple et à partie double. In-18, cartonné. 60 c.
Autorisé par le Conseil de l'Instr. publique.

Cirodde (P. L.). *Abrégé d'arithmétique.* In-18, cartonné. 75 c.

Courcelle-Seneuil. *Traité élémentaire de comptabilité et de tenue des livres.* 1 vol. in-12, broché. 2 fr.

Degranges (Edmond). *Éléments de la tenue des livres.* 1 vol. In-12, cart. 90 c.

Garrigues. *Le système métrique,* avec fig. dans le texte. 1 vol. in-18, cartonné. 75 c.

Lamotte. *Système légal des poids et mesures.* In-18, br. 30 c.

Maire, instituteur à Paris : *Problème d'arithmétique.* 2 vol. in-12 :
On vend séparément :
Énoncés, à l'usage des élèves. 1 volume cart. 1 fr. 50 c.
Solutions, à l'usage des maîtres. 1 vol. » »

Ritt, ancien inspecteur général de l'instruction primaire. *Nouvelle arithmétique des écoles primaires,* divisée en deux parties : 1º *Théorie et pratique du calcul;* 2º *Applications;* contenant environ 1200 exercices et problèmes. In-12, cart. 1 fr. 50 c.
— *Réponses et solutions raisonnées* des exercices de calcul et problèmes contenus dans la *Nouvelle Arithmétique des écoles primaires.* In-12, broché. Prix. 1 fr. 50 c.

Saigey. *Problèmes d'arithmétique et exercices de calcul du premier degré.* In-18, contenant plus de 1300 problèmes. 75 c.

— *Solutions raisonnées des problèmes d'arithmétique du premier degré.* In-18, broché. 1 fr. 50 c.

— *Problèmes d'arithmétique et exercices de calcul du second degré,* avec leurs solutions raisonnées. In-18, br. Prix. 50 c.

— *Les poids et mesures du système métrique.* Grand in-18, br., 15 c.; cart. 20 c.

— *Tableau des poids et mesures du système métrique,* avec 30 figures enluminées, 3 feuilles ayant ensemble 1 mètre de hauteur sur 1 mètre 49 centimètres de largeur. 1 fr. 50 c.
Le collage sur toile avec gorge et rouleau se paye en sus. 5 fr.

Tarnier, ancien inspecteur primaire à Paris. *Nouvelle arithmétique théorique et pratique;* 8e édition. 1 vol. in-12, cart. 2 fr.
Ouvrage adopté pour les écoles communales de la ville de Paris.

— *Applications de l'arithmétique aux opérations pratiques.* Recueil de 1000 questions modèles pour l'enseignement élémentaire; 4e édition. 1 vol. in-12, cart. 2 fr.
Ouvrage adopté pour les écoles communales de la ville de Paris.

— *Solutions raisonnées des exercices compris dans le précédent ouvrage;* 3e édit. 1 vol. in-12, cart. 3 fr.

— *Petite arithmétique des écoles primaires,* 8e édition. In-18, cartonné. 1 fr.
Ouvrage adopté pour les écoles communales de la ville de Paris.

— *Carte murale du système métrique.* Mesures légales, effectives et de grandeur naturelle. 9 feuilles coloriées mesurant 1 m. 60 cent. de hauteur sur 2 mètres 15 de largeur. 10 fr.
Le collage sur toile avec gorge et rouleau se paye en sus. 12 fr.
Carte adoptée pour les écoles communales de la ville de Paris.

— *Petit tableau du système métrique,* imprimé en couleurs sur une seule feuille mesurant 90 centim. sur 1 mètre 20 centimètres. 3 fr.
Le collage sur toile avec gorge et rouleau se paye en sus. 3 fr.

— *Petit manuel raisonné du système métrique,* complément de toutes les arithmétiques et de toutes les cartes murales du système métrique. 1 vol. in-12, br. 1 fr.

Tarnier et Bos. *Problèmes d'arithmétique* à l'usage des commençants (*Énoncés*). 1 vol. in-12, cartonné. 2 fr.

— *Solutions raisonnées* desdits problèmes. 1 vol. in-12, cart. 3 fr.

12° Géométrie, Arpentage, Topographie, Dessin.

Bouillon. *Principes de dessin linéaire;* 6e édition. 24 planches in-4, avec un texte explicatif, broché. 2 fr.

Briot et Vacquant. *Arpentage, levé des plans, nivellement;* 5e édit. 1 vol. in-12 avec planches, broché. 3 fr.
Ouvrage dont l'introduction dans les écoles est autorisée par le ministre de l'Instr. publique.

Cabuzel, professeur de perspective dans les écoles de la ville de Paris. *Cours de perspective.* 27 planches in-folio. 7 fr.

Henriet (d'). *Cours rationnel de dessin :*

1re partie, *Dessin d'imitation.* 1 vol. in-8 de texte, avec 206 figures et un album in-4° de 44 modèles lithographiés applicables au crayonnage, au dessin usuel, etc. 8 fr.

2e partie, *Dessin linéaire.* 1 vol in-8° de texte, avec 354 figures et un album in-4 de 48 modèles lithographiés : tracés géométriques, projection, tracé des ombres, etc. 8 fr.

3e partie, *Dessin d'ornement.* 1 vol in-8° de texte et un album in-4° de modèles lithographiés : les arts et l'ornement dans l'antiquité et aux grandes époques de l'histoire de France. 10 fr.

Lamotte. *Traité élémentaire d'arpentage.* In-12, avec planches, broché. 2 fr. 25 c.

— *Cours méthodique de dessin linéaire et de géométrie usuelle :*

1re partie : *Cours élémentaire,* composé d'un atlas de 19 planches, grand in-4, et d'un vol. in-8 de texte. 4 fr.

2e partie : *Cours supérieur*, composé d'un atlas de 15 planches, gr. in-4, et d'un vol. in-8 de texte. 4 fr.

— *Le dessin linéaire des demoiselles*, 1 vol. in-8, avec un atlas de 15 planches, grand in-4. 5 fr.

Ottin, inspecteur du dessin dans les écoles de la ville de Paris. *Méthode élémentaire du dessin*, texte et planches. In-8°.

Première partie : *Abécédaire du dessin ;* 2e édit. 1 vol. in-8, avec figures. 80 c.

Deuxième partie : *Perspective élémentaire.* 1 vol. in-8, avec figures. 60 c.

La première partie est accompagnée :
1° De trois séries d'exercices, composées chacune de 16 planches de modèles. Prix de chaque série. 25 c.
2° De trois cahiers quadrillés en bleu se rapportant à chaque série de modèles et destinés aux exercices des élèves. Prix de chaque cahier. 15 c.
La 2me partie est accompagnée d'une série d'applications formant 6 planches. Prix. 25 c.

Sonnet. *Premiers éléments de géométrie*, contenant les principales applications à l'architecture, au levé des plans, à l'arpentage, etc. ; 10e édition. 2 vol. in-12, texte et planches. br. 2 fr. 50 c.

—*Cours élémentaire de topographie.* 1 vol. in-12, avec 92 figures, cart. 2 fr.

13° Agriculture, Histoire naturelle, Physique, Chimie.

Barrau-Heuzé. *Simples notions sur l'agriculture*, les animaux domestiques, l'économie agricole et la culture des jardins. Nouvelle édition refondue conformément au programme pour l'enseignement agricole dans les écoles, par M. G. Heuzé. 1 vol. in-12, avec 78 vignettes et 1 carte de la France agricole, cart. 1 fr. 50 c.

Boutet de Monvel. *Notions de physique ;* 8e édition. 1 vol. in-12, avec des figures dans le texte, br. 3 fr. 50 c.

— *Notions de chimie ;* 10e édition. 1 vol. in-12 avec figures dans le texte. 2 fr. 50 c.

Cortambert. *Les trois règnes de la nature*, simples lectures d'histoire naturelle. 1 v. in-12, avec 213 vignettes. 1 fr. 50 c.

Delalosse. *Notions élémentaires d'histoire naturelle.* 3 vol. in-18, avec figures dans le texte, cart. 3 fr. 75 c.
Autorisé par le Conseil de l'Instr. publique.
On vend séparément :
La *zoologie*. 1 fr. 25 c.
La *botanique*. 1 fr. 25 c.
La *minéralogie*. 1 fr. 25 c.

Girard. *Catalogue raisonné des animaux utiles et nuisibles.* 2 vol. in-8. 4 fr.

Heuzé, inspecteur général de l'agriculture. *La France agricole.* 3 vol. in-12 avec fig.
Région du sud, 1 vol. 1 fr. 25 c.
Région du sud-ouest. 1 vol. 1 fr. 25 c.
Région de l'ouest, 1 vol. 1 fr. 25 c.

Menault : *Le berger*, 1 vol. in-32, avec 23 vignettes, br. 50 c.

—— *Le vacher et le bouvier.* 1 vol. in-32, avec 23 vignettes, br. 50 c.

Neveu-Derotrie. *Veillées villageoises*, ou entretiens sur l'agriculture moderne, à l'usage des écoles primaires rurales. In-12, cart. 1 fr. 25 c.
Autorisé par le Conseil de l'Instr. publique.

Rendu (Victor), ancien inspecteur général de l'agriculture. *Notions élémentaires d'agriculture*, à l'usage des écoles primaires. 1 volume grand in-18 avec 20 vignettes, cart. 75 c.
Ouvrage couronné par la Société centrale d'agriculture.

— *Petit traité de culture maraîchère.* 1 vol. in-32, avec 38 vignettes, br. 50 c.

— *La basse-cour.* 1 vol. in-32, avec 6 vignettes, br. 50 c.

— *Les abeilles*, leurs mœurs, leur industrie, leur culture. 1 vol. in-32 avec 17 vignettes, br. 50 c.

— *Les insectes nuisibles à l'agriculture*, aux jardins et forêts de la France. 1 vol. in-12, avec 47 figures, broché. 3 fr.

Rey (Mme, née Périer). *Simples entretiens sur la physique et la cosmographie ;* 2e édition. 1 vol. in-12, avec 80 figures, cart. 1 fr. 25 c.

Saffray (Dr). *La physique des champs.* 1 vol in-32, avec 95 vignettes, br. 50 c.

— *La chimie des champs.* 1 vol. in-32, avec 65 vignettes, br. 50 c.

14° Musique et plain-chant.

Clément (Félix). *Le paroissien romain,* avec les plains-chants en notation moderne et dans un diapason moyen. 1 vol. in-18, br.   2 fr. 50 c.
— *Méthode complète de plain-chant,* d'après les règles du chant grégorien, à l'usage des séminaires, des chantres, des écoles normales primaires et des maîtrises. 1 vol. in-12, br.   2 fr. 50 c.
Relié en basane.   3 fr. 50 c.
— *Tableaux de plain-chant,* 16 tableaux. 4 fr.
Manuel des tableaux de plain-chant. In-12, broché.   75 c.
— *Méthode d'orgue, d'harmonie et d'accompagnement,* comprenant toutes les connaissances nécessaires pour devenir un organiste habile. 1 vol. in-4, br.   12 fr.
Papin, professeur et maître de chapelle au lycée Saint-Louis. *Méthode pratique de musique vocale,* à l'usage des orphéons et des écoles. Ouvrage divisé en trois parties qui se vendent séparément :
Chaque partie, 1 vol. in-8, broché. 1 fr.
Il existe deux éditions de la première partie, l'une transcrite en *clef de fa* pour les voix graves, l'autre en *clef de sol* pour les voix aiguës. Avoir soin de désigner dans les demandes l'édition spéciale que l'on désire recevoir.
— *Les solfèges classiques.* Recueil de leçons de grands maîtres italiens et français, disposé à deux parties, voix égales, à l'usage des orphéons et des écoles. Cet ouvrage, complément de la *méthode* du même auteur, est divisé en deux parties qui se vendent séparément :
Chaque partie, 1 vol. in-8, br.   1 fr.
Quicherat (L.). *Traité élémentaire de musique,* contenant 180 exemples imprimés dans le texte. In-12 broché   1 fr. 50 c.
Roques (Léon). *L'accompagnement du plain-chant,* mis à la portée de tout le monde. 1 vol. in-12, broché.   60 c.
Savard, professeur au Conservatoire de musique de Paris. *Principes de la musique et méthode de transposition.* In-8, broché.   4 fr.
Ouvrage approuvé par l'Académie des beaux-arts et adopté par le Conservatoire de musique.
— *Premières notions de musique,* extraites de l'ouvrage précédent. In-12, br.   50 c.

15° Notions de droit, Tenue des Actes de l'état civil.

Delacourtie, avocat, docteur en droit. *Éléments de législation usuelle;* 1 volume in-12, br.   2 fr.
— *Éléments de législation commerciale et industrielle.* 1 vol. in-12, br.   3 fr.

Grün. *Guide et formulaire pour la rédaction des actes de l'état civil et des procès-verbaux, certificats, déclarations et actes divers,* à l'usage des secrétaires de mairie. Grand in-18, br.   1 fr. 50 c.
Autorisé par le Conseil de l'Instr. publique.

16° Gymnastique, Hygiène.

Riant (Dr), médecin de l'École normale du département de la Seine. *Hygiène scolaire,* influence de l'école sur la santé des enfants. 1 vol. in-12, avec 42 figures, br.   3 fr.
— *L'hygiène et l'éducation dans les internats* (grandes écoles, pensionnats, maisons d'éducation). 1 vol. in-12 br. 3 fr. 50 c.
— *Le café, le chocolat, le thé.* 1 vol. in-32 avec 30 vignettes, br.   50 c.
— *L'alcool et le tabac.* 1 vol. in-32, avec 33 vignettes, broché.   50 c.
Saffray (le Dr). *Les remèdes des champs,* herborisations pratiques à l'usage des instituteurs; 2e édition. 2 vol. in-32 avec 60 vignettes, broché.   1 fr.

— *Les moyens de vivre longtemps,* principes d'hygiène. In-32 avec vig., br. 50 c.
— *Le médecin du foyer.* In-32 avec 60 vignettes, broché.   50 c.
Soubeiran (Dr). *Hygiène élémentaire* répondant aux programmes des écoles normales. In-12.   1 fr. 50 c.
Vergnes, ex-capitaine instructeur de gymnastique. *Manuel de gymnastique,* à l'usage des écoles primaires, des écoles normales primaires, etc.; 5e édit. 1 vol. in-12 avec 110 fig. et 4 planches d'appareils gymnastiques, cartonné.   2 fr. 25
Ouvrage conforme aux programmes officiels

Voir, pour le Matériel des écoles, le Catalogue spécial.

ENSEIGNEMENT SPÉCIAL

Ouvrages destinés aux écoles et aux cours préparatoires pour les professions agricoles, industrielles et commerciales.

Revue de l'Enseignement secondaire spécial et de l'Enseignement professionnel, par une Société de professeurs et de membres de l'Université. Il paraît un numéro le 15 de chaque mois depuis le 15 janvier 1878. Chaque numéro est composé de 16 pages in-8°, et protégé par une couverture.

Prix de l'abonnement : 8 fr. par an. — On ne reçoit que des abonnements d'un an.

LANGUE FRANÇAISE.

Barrau. *Méthode de composition et de style*, ou principes de l'art d'écrire en français, suivis d'un choix de modèles en prose et en vers. In-12, cart. 2 fr. 75 c.

Demogeot, agrégé de la Faculté des lettres de Paris. *Textes classiques de la littérature française*, extraits des grands écrivains français, avec notices biographiques, bibliographiques, appréciations littéraires et notes explicatives (3e année). 2 vol. in-12, cart. 4 fr. 50 c.

Tome I. *Moyen âge, renaissance*, XVIIe siècle. 3 fr.

Tome II. XVIIIe *et* XIXe *siècles*. 1 fr. 50

Lelion-Damiens. *Lectures ou dictées* (année préparatoire et 1re année), 2 vol. in-12, cart.

Tome I, à l'usage des contrées agricoles. 1 fr. 50 c.

Tome II, à l'usage des contrées commerciales. 1 fr. 50 c.

Pellissier, professeur au collège Chaptal et à Sainte-Barbe. *Premiers principes de style et de composition* (2e année), 1 vol. in-12, cart. 1 fr. 50 c.

— *Morceaux choisis des classiques français*, en prose et en vers, adaptés au précédent ouvrage, 1 vol. in-12, cart. 1 fr.

— *Sujets et modèles de composition française* destinés à servir d'application aux principes de style. 1 vol. in-12, cart. 1 f. 50.

— *Principes de rhétorique française* (3e année) 1 vol. in-12, cart. 2 fr. 50 c.

— *Morceaux choisis des classiques français*, en prose et en vers, adaptés au précédent ouvrage. 1 vol. in-12, cart. 2 fr.

— *Sujets et modèles de composition française*, destinés à servir d'application aux principes de rhétorique. 1 vol. in-12, cartonné. 2 fr. 50 c.

Sommer. *Grammaire de l'enseignement spécial*, avec de nombreux exercices. 3e édition. In-12, cart. 1 fr. 50 c.

GÉOGRAPHIE ET HISTOIRE.

Cortambert. *Géographie de la France* (année préparatoire), 1 vol. in-12, cartonné. 90 c.

— *Atlas* correspondant. Gr. in-8. 2 fr. 50 c.

— *Géographie des cinq parties du monde* (1re année), 1 vol. in-12, cart. 1 fr. 50 c.

— *Atlas* correspondant. Grand in-8. 6 fr.

— *Géographie agricole, industrielle et commerciale de la France et de ses colonies* (2e année), 1 vol. in-12, cart. 2 fr.

— *Atlas* correspondant. Grand in-8. 4 fr.

— *Géographie commerciale des cinq parties du monde* (3e année), 1 vol. in-12, cart. 3 fr.

Ducoudray et **Feillet**. *Simples récits d'histoire de France* (année préparatoire). 1 vol. in-12, cart. 2 fr.

— *Simples récits d'histoire ancienne, grecque, romaine et du moyen âge* (1re année). 1 vol. in-12, cart. 2 fr. 50 c.

Ducoudray (G.), agrégé d'histoire. *Histoire de la France depuis l'origine jusqu'à la Révolution française, et grands faits de l'histoire moderne, de 1453 à 1789* (2e année), 1 vol. in-12 cart. 2 fr. 50 c.

— *Histoire de France et histoire générale depuis 1789 jusqu'à nos jours* (3e année), 1 vol. in-12, cart. 2 fr. 50 c.

Joanne. *Géographies des départements de la France.* Voir *Enseignement primaire*, page 14.

Sardou. *Abrégé de géographie commerciale et industrielle ;* 6e édition. 1 vol. in-12, broché. 4 fr.

LÉGISLATION, MORALE, ÉCONOMIE POLITIQUE, INDUSTRIE.

Delacourtie, avocat, docteur en droit. *Éléments de législation usuelle* (3e année), 5e édition. 1 vol. in-12, cart. 2 fr.
— *Éléments de législation commerciale et industrielle* (4e année), 2e édition. 1 vol. in-12, cartonné. 3 fr.

Figuier (L.). *Les grandes inventions modernes dans les sciences, l'industrie et les arts* (4e année). 1 vol. in-12 avec 138 figures dans le texte, cart. 1 fr. 50 c.

Franck (Ad.), membre de l'Institut. *Éléments de morale* (3e et 4e années); 6e édition. 1 vol. in-12, cart. 2 fr.

Levasseur, membre de l'Institut. *Cours d'économie rurale, industrielle et commerciale* (4e année), 1 volume in-12, cartonné. 3 fr.

Poiré (P.). *Simples lectures sur les principales industries* (4e année), 1 vol. in-12, avec 163 vignettes dans le texte, cart. 1 fr. 50

ARITHMÉTIQUE ET APPLICATIONS, TENUE DES LIVRES, CORRESPONDANCE COMMERCIALE.

Bovier-Lapierre, ancien professeur de mathématiques à l'École normale de Cluny. *Arithmétique* (année préparatoire et 1re année). In-12, cart. 2 fr. 50 c.
— *Traité d'arithmétique commerciale* (2e année), 1 vol. in-12, cart. 1 fr. 50 c.

Coupin, directeur de l'École commerciale de Bordeaux. *Cours raisonné d'arithmétique commerciale*. 1 vol. in-8. 3 fr. 50 c.

Courcelle-Seneuil. *Cours de comptabilité* (1re, 2e, 3e et 4e années). 4 vol. in-12, cartonnés : chaque vol. se vend séparément. 1 fr. 50 c.

Dupuis (J.), proviseur du lycée de Bourges. *Tables de logarithmes* à cinq décimales, d'après J. de Lalande. Édition stéréotype disposée à double entrée et contenant les logarithmes de 1 à 10 000, les logarithmes des sinus et des tangentes des arcs, calculés de minute en minute dans la supposition de R = 1, et un très-grand nombre de tables usuelles. 1 vol. gr. in-18, broché. 2 fr.
Cartonné en percaline gaufrée. 2 fr. 50 c.

Goujon et **Sardou**. *Cours complet de tenue de livres et d'opérations commerciales*, comprenant : — l'analyse des opérations du commerçant et les premières écritures qui servent à les constater; — la théorie des comptes courants ; — les comptes d'intérêts par toutes les méthodes; — la tenue des livres en partie simple et en partie double ; — la correspondance : — les effets publics ou rente sur l'État; les matières d'or et d'argent — les changes et les arbitrages; — les comptes en participation; — les actes de société; — les écritures des sociétés par actions, etc. 5e édition, 1 vol. in-8, br. 5 fr.
Ouvrage dont l'introduction dans les écoles est autorisée par le ministre de l'Instruction publique.
— *Solutions des exercices* contenus dans le Cours complet de tenue de livres et d'opérations commerciales. 1 vol. in-8, broché. 2 fr. 50 c.

Jeanne, directeur de l'École de commerce de Toulouse. *Cours d'arithmétique commerciale* (2e année), 1 vol. in-12, cartonné. 3 fr.

Pichot, censeur du lycée Fontanes. *Éléments d'arithmétique* (année préparatoire et 1re année); 3e édition. 1 vol. in-12, cartonné. 2 fr. 50 c.

Sonnet. *Problèmes et exercices d'arithmétique et d'algèbre* sur les principales questions usuelles relatives au commerce, à la banque, aux fonds publics, aux établissements de prévoyance, à l'industrie, aux sciences appliquées, etc. 2 vol. in-8, brochés. 5 fr.
On vend séparément:
1re partie: *Énoncés*. 1 vol. 2 fr.
2e partie : *Solutions raisonnées*. 1 volume. 3 fr.

GÉOMÉTRIE, ARPENTAGE ET TOPOGRAPHIE.

Bezodis, professeur au lycée Henri IV. *Notions sur les courbes usuelles* (4e année). 1 vol. in-12, cart. 1 fr. 50 c.

Briot et **Vacquant**. *Arpentage, levé des plans, nivellement* ; 4e édition, 1 vol. in-12, avec 194 figures dans le texte et des planches, broché. 3 fr.
Ouvrage dont l'introduction dans les écoles est autorisée par le ministre de l'Instruction publique.

Saint-Loup, professeur à la Faculté des sciences de Besançon. *Géométrie plane* (année préparatoire) ; 4e édition. 1 vol. in-12, avec 90 figures, cart. 1 fr.
— *Géométrie plane* (1re année), 2e édition. 1 vol. in-12 avec 394 fig., cart. 2 fr.
— *Géométrie dans l'espace* (2e année); 3e édit. 1 vol. in-12, avec 144 fig., cart. 1 fr. 50 c.

Sonnet *Géométrie théorique et pratique*, contenant de nombreuses applications au dessin linéaire, à l'architecture, à l'arpentage, au levé des plans, à la perspective, aux ombres, etc., et les premiers éléments de la géométrie descriptive ; 7e édition. 2 vol. in-8, texte et planches, brochés. 6 fr.

Autorisé par le Conseil de l'Instr. publique.

— *Premiers éléments de géométrie*, extraits du précédent ouvrage ; 10e édition, 2 vol. in-12, texte et planches, br. 2 fr. 50 c.

Autorisé par le Conseil de l'Instr. publique.

— *Cours élémentaire de topographie.* 1 vol. in-12 avec vignettes, cart.   2 fr.

ALGÈBRE, TRIGONOMÉTRIE, GÉOMÉTRIE
DESCRIPTIVE.

Bezodis. *Notions élémentaires de trigonométrie rectiligne* (4e année), 2e édition. 1 vol. in-12, cartonné.   1 fr. 50 c.

Kiœs. *Cours élémentaire de géométrie descriptive* (3e et 4e années); 5e édition. 2 vol. in-12, texte et planches, cart. 5 fr.

Sonnet. *Principes d'Algèbre*, mis en harmonie avec les programmes officiels de l'enseignement spécial par M. Jeanne. (3e et 4e années), 1 vol. in-12, cart. 2 fr. 50 c.

MÉCANIQUE.

Collignon, répétiteur à l'École polytechnique. *Cours élémentaire de mécanique:*
Troisième année (1re partie, *cinématique*). 1 vol. in-12.   1 fr. 80 c.
Troisième année (2e partie, *statique*). 1 vol. in-12.   2 fr. 20 c.

Dessins muraux pour l'enseignement de la mécanique dans les lycées et collèges d'enseignement spécial (arrêté ministériel du 27 octobre 1867) imprimés en couleur sur 4 feuilles colombier mesurant ensemble 1 mètre 45 de longueur sur 1 mètre de hauteur.
Roue en dessous; roue de côté; roue en dessus ; turbine Fontaine ; turbine Jonval ; bélier hydraulique; locomobile; locomotive.
Prix de chaque dessin mural.   6 fr.

Le collage sur toile avec gorge et rouleau se paye en sus,   7 fr.

Mondiet et Thabourin : *Cours élémentaire de mécanique.* 3 vol. in-8 :
Tome Ier. *Principes*, contenant 175 énoncés de problèmes et 200 figures intercalées dans le texte. 1 vol.   4 fr.
Tome II. *Mécanismes.* 1 vol.   2 fr.
Tome III. *Moteurs.* 1 vol.   5 fr.

Morin (le général), membre de l'Institut (Académie des sciences). *Aide-mémoire de mécanique pratique;* 6e édition. 1 vol. in-8, broché.   9 fr.

— *Notions géométriques* sur les mouvements et leurs transformations, ou éléments de *cinématique;* 4e édition. 1 vol. in-8, broché.   5 fr.

— *Notions fondamentales de mécanique et données d'expérience;* 3e édition. 1 vol. in-8 avec des figures dans le texte et des planches, broché.   7 fr. 50 c.

Morin et Tresca. *Dessins coloriés pour l'enseignement de la mécanique* publiés sous la direction du général Morin et par les soins de M. Tresca. 30 planches de 49 centimètres sur 64 centimètres. Prix.   40 fr.

Les 30 planches se divisent en quatre séries qui se vendent comme suit :

1º Organes de transmission du mouvement. 12 planches. Prix, 18 fr.
2º Roues hydrauliques et autres récepteurs. 6 planches. Prix, 10 fr.
3º Machines hydrauliques. 7 planches. Prix, 12 fr.
4º Machines à vapeur. 5 planches. Prix, 10 fr.

Chaque planche se vend séparément.   2 fr.

Robinet. *Cours complet de dessin des machines*, appliqué à la construction. Voir ci-après page 23.

PHYSIQUE, CHIMIE, AGRICULTURE, HISTOIRE
NATURELLE, COSMOGRAPHIE.

Dehérain, professeur au collège Chaptal, et **Tissandier :** *Éléments de chimie.* 4 vol. in-12, avec des figures intercalées dans le texte, cartonnés :
Première année. 1 vol.   1 fr. 50 c.
Deuxième année. 1 vol.   2 fr. 50 c.
Troisième année. 1 vol.   3 fr.
Quatrième année. 1 vol.   2 fr. 50 c.

Gervais, membre de l'Institut. *Éléments de zoologie*, avec des figures intercalées dans le texte. 5 vol. in-12 cartonnés :
Année préparatoire : *Notions préliminaires.* 1 vol.   1 fr. 25 c.
Première année : *Notions générales et histoire des mammifères.* 1 fr. 25 c.
Deuxième année : *Vertébrés, ovipares, animaux sans vertèbres.* 1 v. 2 fr. 50 c.
Troisième année : *Anatomie et physiologie des animaux.* 1 vol.   2 fr. 50 c.

Gervais, Marchand et Raulin. *Notions élémentaires d'histoire naturelle :* Zoologie, Botanique, Géologie. 5 volumes in-12 avec fig. dans le texte, cartonnés :

Année préparatoire 1 vol. 9 fr.
Première année. 1 vol. 3 f. 50 c.
Deuxième année. 1 vol. 4 fr. 50 c.
Troisième et quatrième années. 2 vol. en préparation.

Gossin, proviseur du lycée de Marseille. *Cours élémentaire de physique,* avec figures, 4 vol. in-12 cartonnés :

Première année. 1 vol. 3 fr.
Deuxième année. 1 vol. 3 fr.
Troisième année. 1 vol. 3 fr.
Quatrième année. 1 vol. 3 fr.

Guillemin (Amédée). *Éléments de cosmographie* (3e année). 1 volume in-12, avec 151 fig. dans le texte, cart. 3 fr. 50 c.

Marchand, agrégé de l'école de pharmacie de Paris. *Éléments de botanique.* 4 vol. in-12 avec figures dans le texte, cart.

Année préparatoire. 1 vol. 1 fr. 25 c.
Première année. 1 vol. 1 fr. 50 c.
Deuxième année. 1 vol. 1 fr. 50 c.
Troisième et quatrième années : *classification et usages des plantes.* 1 vol. 3 fr.

Marié-Davy. *Notions préliminaires de physique* (1re année). 1 vol. in-12, avec des figures dans le texte, cartonné. 3 fr.

Raulin, professeur à la faculté des sciences de Bordeaux. *Éléments de géologie.* 5 vol. in-12 avec fig. dans le texte, cart. :

Année préparatoire. 1 vol. 1 fr. 25 c.
Première année : *Géologie de la France.* 1 vol. 1 fr. 25 c.
Deuxième année, 1 vol. 1 fr. 50 c.
Troisième année, 1 vol. 1 fr. 25 c.
Quatrième année : *Éléments de physique terrestre,* par MM. Marié-Davy et Sonrel, 1 vol. 1 fr. 80 c.

DESSIN LINÉAIRE ET INDUSTRIEL, DESSIN D'IMITATION.

Bouillon. *Exercices de dessin linéaire,* présentant un choix très varié de modèles pratiques d'architecture, de menuiserie, de charpente, de serrurerie, de marbrerie et d'ameublement. 25 planches in-folio avec un texte explicatif, in-8. 5 fr.

Cabuzel. *Cours de perspective.* Voir *Enseignement primaire,* p. 17.

Chazal, ancien professeur de dessin au lycée Henri IV. *Modèles de dessin d'imitation,* à l'usage des lycées et des écoles. Études d'architecture, d'ornement et de figures, choisies parmi des spécimens de l'art dans les époques égyptienne, assyrienne, grecque, romaine et de la renaissance.

Trois séries de 20 planches in-folio.
Chaque série de 20 planches. 10 fr.
Chaque planche séparément. 75 c.

Henriet (d'). *Cours rationnel de dessin.* Voir *Enseignement primaire,* p. 67.

Morin et Tresca. *Modèles de dessin et de lavis,* publiés sous la direction du général Morin, de l'Académie des sciences, et par les soins de M. Tresca, sous-directeur du Conservatoire des arts et métiers :

1re série, comprenant 22 planches, savoir : 10 planches d'ornement, 6 planches de géométrie, 4 planches de levé de plans et de bâtiments, et 2 planches de lavis. 6 fr.
2e série, comprenant 14 planches, savoir : 6 planches de géométrie et projections et 8 planches de levé de plans et topographie. 4 fr.
3e série, comprenant 12 planches, savoir : 3 cartes géographiques, 1 planche de géométrie et 6 planches de lavis de machines. 3 fr. 25 c.

Normand fils, **Douliot et Krafft.** *Cours de dessin industriel ;* 3e édition. 1 volume in-8 avec un atlas de 34 planches in-folio. 7 fr. 50 c.

Ottin. *Méthode élémentaire de dessin.* Voir *Enseignement primaire,* p. 18.

Robinet, ingénieur dessinateur. *Cours complet de dessin des machines,* appliqué à la construction, comprenant 150 planches in-folio, avec un texte explicatif, In-8, br. 30 fr.

GYMNASTIQUE.

Vergnes. *Manuel de gymnastique,* avec 170 figures et quatre grandes planches d'appareils ; 5e édition. 1 vol. in-12, cartonné. 2 fr. 25 c.

MANUEL GÉNÉRAL
DE L'INSTRUCTION PRIMAIRE

JOURNAL HEBDOMADAIRE

DES INSTITUTEURS ET DES INSTITUTRICES

46ᵉ ANNÉE

RÉDACTEUR EN CHEF : M. CHARLES DEFODON.

Prix de l'abonnement sans le Supplément : un an, 6 fr.; avec le supplément, 11 fr.

*On ne s'abonne que pour un an; l'année commence au premier janvier,
mais les abonnements peuvent se prendre du 1er de chaque mois.*

Le Manuel général parait, chaque semaine, par un numéro de 16 pages in-8°; se compose de deux parties distinctes d'égale étendue, l'une *générale*, l'autre *scolaire*, ayant chacune leur pagination; une fois par mois, quatre pages de correspondance sont ajoutées au journal sans augmentation de prix; toutes les fois que l'abondance des matières l'exige, notamment pour la reproduction du compte rendu sténographique des débats des Chambres concernant l'instruction primaire, il est également ajouté des pages supplémentaires.

La *Partie générale* (huit pages) contient, sous le titre de chronique génerale, un résumé des faits historiques, géographiques, militaires ou économiques qui ont pu se passer d'une semaine à l'autre, soit à l'intérieur, soit à l'extérieur; le texte officiel des lois et des actes les plus importants du gouvernement; les comptes rendus *in extenso* de celles des séances des Chambres qui ont rapport à l'instruction primaire; tous les actes officiels relatifs à l'instruction primaire; une revue des faits des scolaires en France et à l'étranger; des articles sur les questions à l'ordre du jour relatives à l'administration de l'instruction primaire; des articles de pédagogie pratique, examen de questions diverses concernant les principes de la pédagogie ou l'exposé des méthodes, biographies des grands pédagogues français et étrangers, études de pédagogie historique, questions d'enseignement ou de méthode, proposées aux instituteurs sous forme de concours volontaires donnant droit à des récompenses, et suivies du compte rendu anonyme d'un grand nombre de mémoires (tous les mémoires sont renvoyés à leurs auteurs avec des annotations); des articles de variétés, surtout de variétés pédagogiques; des morceaux de musique à l'usage des écoles; des comptes rendus de livres et procédés d'enseignement; une correspondance avec les abonnés sur les questions administratives, pédagogiques et autres, qui peuvent les intéresser.

La *Partie scolaire* (huit pages) comprend des devoirs de tous genres, destinés à faciliter la préparation quotidienne de la classe, et gradués, d'après la division mensuelle des matières de l'enseignement adoptée dans les écoles publiques du département de la Seine, pour les trois cours d'une école primaire.

Moyennant une souscription complémentaire de 5 fr. par an, les abonnés peuvent recevoir un supplément destiné à l'enseignement primaire supérieur et à l'enseignement complémentaire.

Ce supplément, de 16 pages, paraissant tous les quinze jours, se compose de deux parties : l'une *générale* (8 pages), contenant des articles généraux ou d'actualité sur l'enseignement primaire supérieur; une chronique scientifique et une chronique littéraire mensuelles; des variétés scolaires; des articles de bibliographie; l'autre *scolaire*, comprenant des spécimens de leçons ou de développements théoriques ou pratiques sur toutes les matières de l'enseignement des classes primaires supérieures.

Paris. — Impr. E. Capiomont et V. Renault, rue des Poitevins, 6.

www.ingramcontent.com/pod-product-compliance
Lightning Source LLC
LaVergne TN
LVHW052021060726
842528LV00002B/587